黄河概说

主　编　王建平
副主编　薛　华

黄河水利出版社

内 容 提 要

　　黄河是中华民族的母亲河,也是一条多灾多难的河流,对黄河的治理,是古今人们必须面对与关注的事情。本书从地理、水文、水患、治理、文化等多个层面、多个角度,对黄河进行解读,具有知识性、普及性与可读性,是全面概括、认识黄河的首选读物。

图书在版编目(CIP)数据

黄河概说/王建平主编 . —郑州:黄河水利出版社,2008.6
(2010.3 重印)
　ISBN 978 - 7 - 80734 - 138 - 3

　Ⅰ. 黄…　　Ⅱ. ①王…　　Ⅲ. 黄河 - 概况　　Ⅳ. P942.077

中国版本图书馆 CIP 数据核字(2007)第 111644 号

出　版　社:黄河水利出版社
　　　　　地址:河南省郑州市顺河路黄委会综合楼 14 层　　邮政编码:450003
发行单位:黄河水利出版社
　　　　　发行部电话:0371 - 66026940　　传真:0371 - 66022620
　　　　　E-mail:hhslcbs@126.com
承印单位:黄河水利委员会印刷厂
开本:850 mm × 1 168 mm　1/32
印张:5.75
字数:116 千字　　　　　　　　　印数:5 001 ~ 9 000
版次:2008 年 6 月第 1 版　　　　印次:2010 年 3 月第 3 次印刷

定价:15.00 元

前　言

　　黄河是中国的一条大河，也是世界上最重要的河流之一。

　　黄河在世界范围内之所以具有极高的知名度，关键在于两个方面：一是黄河所具有的人文影响，她几乎成为中国、中华民族的代名词。她所孕育的黄河文明，成为独立于世界之林的文明体系，在过去对世界产生了巨大影响，在未来必将还会产生新的影响。二是黄河的"善淤、善决、善徙"的特点，造成了一条世界上最复杂难治的河流，她给人们带来了痛苦，她也给人们摆出了一道破解数千年而终未有完善答案的难题，它启迪了一代代人的心智，从古到今人们拿出了无数个方案，试图驾驭它、征服它，使其变害为利，为人类造福。

　　1946年，当战争的硝烟仍在弥漫之时，中国共产党领导的人民治黄便已开始。弹指一挥间，六十年过去了，黄河的治理已经发生了天翻地覆的变化，不但形成了专业治黄队伍、人民群众和解放军指战员相结合的防洪大军，也形成了河道整治、水土保持相结合的综合治理模式，形成了支流水库与干流水利枢纽工程的防汛工程体系，也形成了观测、勘察、规划、设计、研究为一体的黄河水利科技体系。可以说，人民治黄的六十年，是黄河安澜的六十年，是黄河变害为利的六十年，也是黄河人与黄河水利事业奋发向上的六十年。

　　黄河是一本大百科全书，它不仅包含了自然、科技、人文等多个方面，而且也包含了地质时代、历史时期与当代等多个时段。研究黄河的成果与书籍很多，但全面地、概括地、综合地、系统地了解黄河的书籍并不多。为了使人们能够在较短的时间里"浏览"黄河，我们编著了此书。在此，我们衷心感谢长期研究黄河的专家、学者以及其他社会人士，您们的成果使我们得到启迪，也使我们得以博众家之言，采众家之果，编著出版了这本融科学性、普及性、知识性为一体的黄河读本，期望那些热爱黄河、关注黄河的人们读后有所收获。

也许您从这本书中简略地了解了黄河，也许您从这本书开始了您的黄河探研之路……

编者
2008 年 1 月

目　录

第一章
地理黄河

一、基本情况

黄河是中国的第二大河流，也是世界上著名的河流之一。

黄河发源于青藏高原的巴颜喀拉山北麓约古宗列盆地，流经青海、四川、甘肃、宁夏、内蒙古、山西、陕西、河南、山东等9省（区），在山东省垦利县注入渤海。黄河干流总长5464公里。

黄河流域介于东经96°~119°、北纬32°~42°之间。西起巴颜喀拉山，东达渤海，北至阴山，南抵秦岭，流域总面积达79.5万平方公里。黄河流域面积主要集中在上中游地区的高原峡谷地带，占流域总面积的97%；下游河道为"地上悬河"，包括支流金堤河和沱河，仅占流域总面积的3%。

黄河流域地势西高东低，水面落差达4480米。依地理位置和河流特征，黄河干流可划分为上、中、下游三段，其中由河源至内蒙古托克托县的河口镇为上游，干流长度为3472公里，水量充沛，落差大，被誉为水电资源的"富矿区"；由河口镇至河南郑州附近的桃花峪为中游，干流长度1206公里，流经黄土高原与丘陵地区，水土流失严重，是黄河泥沙的主要来源区；由桃花峪至入海口为下游，干流长度786公里，流经华北大平原，大量泥沙淤塞河道，使河床高出堤外地面，是黄

1

河洪水泛滥的最主要地区。

地质学的研究成果表明，黄河在形成前，现在的青藏高原一带普遍在海拔1000米以下，地貌起伏微弱，河流、湖泊交替；距今247万年左右，高原海拔上升到2000米以上，山地起伏增大，形成新的湖泊地貌；在距今160万年左右，地质构造史中惊心动魄的一幕在青藏高原上演，在猛烈的地壳抬升运动中，地质板块激烈碰撞，断裂起伏，形成阶梯状地貌，原来广泛分布的湖泊汇集成河，由于古湖泊湖水下切和溯源冲刷，形成一条泱泱巨川，至此，由湖泊汇集而成的大河随之奔腾而下。进入历史时期，黄河上中游河道基本稳定，黄河下游较大的改道有26次。河道变迁的范围，北抵京津，南达江淮，纵横25万平方公里，自公元前602年至公元1128年的1700多年间，黄河迁徙大都在现行河道以北地区。自1128年至1855年的700多年间，黄河改道摆动都在现行河道以南地区，侵袭淮河水系，流入黄海。1855年，黄河在今河南兰考东坝头决口后，才改走现行河道，夺山东大清河入渤海。

黄河是中华民族的母亲河。中华人文始祖的"三皇五帝"，兴起发展在黄河流域；自夏代开始至北宋以前的历代王朝在黄河流域建都的时间长达3000多年，中国历史上著名的八大古都，除北京、南京和杭州外，其他5个古都（西安、洛阳、开封、安阳、郑州）都分布在黄河流域，可以说黄河流域在很长一段时间内是中国的政治、经济、文化的中心。

黄河流域总人口1.1亿，占全国总人口的8.6%。黄河流域也是多民族的聚居区，主要居住有汉、回、藏、蒙古、东乡、撒拉、保安、满等 8 个民族。其中汉族人口占黄河流域总人口的 90% 以上；少数民族人口 600 余万，集中分布在黄河上游地区，以回族、藏族人口最多，均超过 100 万人。

黄河流域地域辽阔，气候变化较大，降水量从东南向西北递减，分属于半湿润、半干旱和干旱 3 个地带。流域大部分地区气候温和，物产富饶，是我国主要的农牧业基地。现有耕地 1260 万公顷，占全国耕地面积的 13.5%；人均耕地 0.118 公顷，约为全国人均耕地的 1.5 倍。其中，宁蒙平原、汾渭平原与华北平原盛产小麦、棉花、谷子，青海、宁夏、内蒙古则有广阔的草原牧场，为我国最主要的畜牧养殖基地。

黄河流域矿产资源丰富，品种较为齐全。有关资料统计，在全国已探明的 145 种矿产中，黄河流域有 114 种，占 78.6%。其煤炭保有储量占全国总储的 46.5%，且煤层厚，煤质优，品种多，开采条件优越。在全国已探明的超过 100 亿吨储量的 26 个大煤田中，黄河流域就有 11 个，原煤产量占全国总产量的一半以上。黄河流域的石油储量占全国的 26.6%，主要分布在胜利、中原、长庆、延长 4 个油田，其中胜利油田为我国第二大油田。陕北则发现了世界级的大型天然气田。黄河流域有色金属与稀有金属矿产资源也很丰富，铝土资源占全国的 44.4%，全国有 8 个规模巨大的炼铝厂，黄河流域就占 4 个。钼占全国的 43.2%，稀土占全国的 98%。铁矿石储藏量较为丰富，已建成包钢、太钢等大型钢铁企业。此外，锌、铅、镍、铜、金等矿产资源储量在全国也占有重要地位。可以说，黄河流域是我国典型的能源与矿产的重要基地。

二、地势地貌

1.第一级阶梯及其地势

黄河流域内地势西高东低、高差悬殊，形成自西向东、由高而低的三级阶梯。

第一级阶梯位于"世界屋脊"青藏高原的东北部，平均海拔在 4000 米以上，高原之上耸立着一系列北西—南东向的祁连山、阿尼玛卿山与巴颜喀拉山等山脉，黄河迂回在山原之间，呈"S"形大弯道，河谷两岸的山脉海拔达 5500~6000 米，相对高差达 1500~2000 米。雄踞黄河左岸的阿尼玛卿山主峰玛卿岗日海拔达 6282 米，为黄河流域最高点。而在巴颜喀拉山北麓的约古宗列盆地，为黄河源头，这里河谷宽阔，湖泊众多，黄河自阿尼玛卿山与巴颜喀拉山之间穿过，在青海与四川交界处，形成第一道大河湾。祁连山则横亘高原北缘，构成了青藏高原与内蒙古高原的分界。

2.第二级阶梯及其地势

第二级阶梯以太行山为东界，区域内地貌形态差异较大，分属鄂尔多斯高原、河套平原、黄土高原和汾渭平原等地理单元。区域北部的阴山和西部的贺兰山、狼山犹如一道屏障，阻挡着阿拉善高原上的腾格里和乌兰布等沙漠向黄河流域腹地的侵袭。南部的秦岭山脉，是我国自然地理上亚热带和暖温带的南北分界线，是黄河和长江的分水岭，也是黄土高原飞沙不能南扬的挡风墙。

该区域内最为典型的地貌为黄土高原，其南界秦岭，西抵青海高原，东至太行山脉，覆盖面积约 64 万平方公里，海拔为 1000~2000 米。黄土厚度数十米至二三百米，为世界上最大的黄土集中分布区。黄土高原的地貌主体为塬、梁、峁、沟等。塬为边缘陡峻的桌状平坦地形，地面广阔，适于耕作；梁呈长条状垄岗，峁呈圆形小丘，梁和峁为沟壑分割而成的黄土丘陵地形。黄土土质疏松，垂直节理发育，植被稀疏，在长期的暴雨径流的水力侵蚀和重力侵蚀之下，水土流失严重，生态环境脆弱，形成了沟壑纵横的黄土地貌景观。黄土高原相间的汾渭盆地，包括晋中太原盆地、晋南临汾—运城盆地和陕西关中盆地，其海拔在 500~1000 米之间，盆地最窄处仅有 30 公里，有丰富的地下水和山泉河，土质肥沃，汾渭盆地素有"米粮川"之称，关中盆地号称"八百里秦川"，以膏壤沃野、农产富饶著称。此外，在该区域东南部，还有属于豫西山地的崤山、熊耳山、外方山和伏牛山以及嵩山，它们与太行山共同构成了第二阶梯的东部屏障，并形成了黄河与海河、黄河与淮河，以及黄河与长江的分水岭。

3.第三级阶梯及其地势

第三阶梯则自太行山以东至滨海，主要由黄河下游冲积平原和鲁中丘陵所组成。黄河下游冲积平原为我国第二大平原华北平原的重要组成部分，包括豫东、豫北、鲁西、鲁北、冀南、冀北、皖北和苏北等地区，面积达 25 万平方公里。平原地势以黄河大堤为分水岭，微向海洋倾斜，大堤以北为黄海平原，属海河流域；大堤以南为黄淮平原，属淮河流域。鲁中丘陵则由泰山、鲁山、沂山组成，海拔 400~1000 米，主峰泰山，山势雄伟，海拔 1524 米，古称"岱宗"，为五岳之长。

三、地质构造

黄河流域横跨昆仑、秦岭、祁连地槽和华北地台四个大地构造区域，或称为西域陆块及华北陆块，二者以贺兰山—六盘山的深大断裂为分界。西域陆块包括祁连、东秦岭、昆仑—西秦岭及巴颜喀拉等断块，亦称褶皱带。这些断块为北西或北北西向，呈带状展布，岩层挤压变形强烈，褶皱紧密，断裂构造异常发育。华北地台亦称华北陆块，自吕梁运动奠定基础，经晚元古代至古生代的沉积加厚及固结硬化。自中生代以后，受太平洋板块俯冲及燕山运动的影响，而产生褶皱和断裂，形成一系列趋近北东向的断块盆地、隆起和断陷盆地，如阿拉善与鄂尔多斯断块盆地，阴山、吕梁山、太岳山和秦岭等隆起，以及银川平原、河套平原和汾渭平原等断陷盆地，还有华北陆缘盆地等。

1.地震活动

以贺兰山、六盘山为界，东部属华北地震区，西部属青藏高原北部地震区，个别地区如西南隅属青藏高原中部地震区，南部边缘属华南地震区。华北地震区，地震活动强度大，频度高，震源浅，震害严重，尤其是汾渭断陷带内，历史上发生8级以上地震3次，7.5级地震1次，6~6.9级地震11次。青藏高原北部地震区，地震活动强度大、频度高，震源深5~25公里。80%的强震分布在活动的深大断裂上及其附近，银川地震带，共发生过8级地震1次，6~6.9级地震4次。

2.工程地质

依黄河干流河段可分为以下5段：

一是河源至青铜峡河段。地质构造较为复杂，晚近期断裂表现显著，峡谷段普遍发育有崩塌堆积体、塌滑体和滑坡体。

二是青铜峡至河口镇段。流经面积广阔的宁蒙河套平原，河道宽阔，比降平缓，两岸除低丘及沙岗外，其余河段均为覆盖深厚的砂砾石及砂质河床。

三是河口镇至禹门口河段，统称"黄河北干流河段"。河道穿行于黄土高原间，两岸多为黄土丘陵沟壑，为黄河干流最长的一段连续峡谷河段，地层多为砂页岩互层。河段内无区域性大断裂通过，地质构造简单，为向西缓倾的单斜构造。

四是禹门口至潼关河段，统称"黄河小北干流河段"。河谷展宽，两岸为低丘及黄土台地，河流宽、浅、散、乱，河床冲积层深厚。

五是潼关至桃花峪河段。由峡谷河段向平原河段过渡，河段内地质条件变化较大，有岩浆岩、闪长岩、灰岩、砂页岩，以及黄土丘陵及岗地构造，桃花峪附近已基本属平原性河道。自桃花峪以下，河道流经冲积平原，大部分河段束缚于两岸堤防之间，泥沙淤积严重。

四、气候变化

1.气候特点

黄河流域处于中纬度地带，受大气环流和季风的影响，气候变化比较复杂，总的来说，有以下几个特点：

一是光照充足，太阳辐射较强。其全年日照时数一般达2000~3300小时，全年日照百分率大多在50%~75%之间，仅次于柴达木盆地，居全国第二。

二是季节差别大，温差悬殊。上游的河源地区"全年皆冬"，久治至兰州之间则"长冬无夏，春秋相连"，兰州至龙门之间则"冬长夏短"，其他地区则"冬冷夏热，四季分明"。黄河流域年均气温在-4℃左右，主要集中在河源区，而在巴颜喀拉山北麓，极端最低气温为-53.0℃，地点在河源区的黄河沿站；年均气温为12~14℃的高值区位于下游的河南、山东境内，极端最高气温为44.2℃，地点在河南洛阳的伊川站。

三是降水集中，分布不均，年际变化大。流域大部分地区的降水量为200~650毫米，秦岭北麓降水量可达700~1000毫米，而宁夏、内蒙古的部分地区，降水量不足150毫米。黄河流域冬干春旱，夏秋多雨，每年的6~9月降水量占全年的70%左右，尤以"七下八上"雨量最多。

四是湿度小，蒸发大。尤其是上游地区，有的不但相对湿度小于50%，最大年蒸发量可超过2500毫米。

五是冰雹多，沙暴、扬沙多。冰雹以上游地区，尤其是玛曲以上地区为国内冰雹集中区，每年多达15~25天。沙暴与扬沙集中在宁夏、内蒙古与陕北地区，年均大风日数均在30天以上。另在汾河上游与小浪底以下沿黄地区，各有一个年沙暴与扬沙日数超过20天的区域。

六是无霜期短。黄河流域初霜日由北而南，自西而东逐步展开；终霜日则正好相反。下游平原地区全年无霜日仅有200天左右，上游的久治以上地区平均不足20天，其余地区则介于二者之间。

2.气候条件

黄河流域主要分属于三个气候区。一是南温带气候区。主要包括黄河中下游除去吴堡以上的广大地区，面积近 25 万平方公里。该气候区又可分为以渭河流域、泾河中下游和潼关以下广大地区为代表的黄河中下游半湿润区（Ⅰ区）和以黄土高原东部，以及汾河、北洛河、无定河和泾河、沁河中上游为代表的陕甘晋半干旱区（Ⅱ区）。二是中温带气候区。主要包括中上游龙羊峡至吴堡区间除大通河、洮河上游以外的地区，以及汾河的河源区，面积约 32.4 万平方公里。又包括晋陕蒙交界地带的半干旱区（Ⅲ区）、黄河上游干旱区（Ⅳ区）和青甘宁半干旱区（Ⅴ区）。三是高原气候区。主要包括黄河上游兰州以上至河源的大部分地区。又可分为青川甘湿润区（Ⅵ区）、上游半湿润区（Ⅶ区）及河源湖南半干旱区（Ⅷ区）。

黄河流域各气候区的水热指标范围

气候带	气候区	干燥度	年降水量（毫米）	≥10℃积温（℃）	1月平均气温（℃）	年极端最低气温（℃）
南温带	Ⅰ黄河中下游半湿润区	1.0～1.5	550～750	3000～4600	−5.5～0	−27～−19
	Ⅱ陕甘晋半干旱区	1.1～2.0	450～600	2900～4500	−8～−1.5	−28～−18
中温带	Ⅲ晋陕蒙半干旱区	1.6～2.9	350～500	2200～3400	−15～−9	−35～−27
	Ⅳ黄河上游干旱区	3.0～7.0	150～300	2500～3300	−15～−8	−36～−28
	Ⅴ青甘宁半干旱区	1.3～2.5	350～550	1800～2900	−11～−6	−30～−20
高原区	Ⅵ青川甘湿润区	0.6～1.1	550～800	270～1500	−11～−8	−36～−26
	Ⅶ上游半湿润区	1.0～1.5	400～550	90～1200	−17～−10	−41～−25
	Ⅷ河源湖南半干旱区	1.5～3.5	250～350	<1500	−17～−11	−48～−28

3.气温降水

黄河流域年平均气温在-4~14℃之间，总的趋势为南高北低、东高西低。其中河南、山东年均气温最高，为 12~14℃；河源地区年平均气温最低，如青海玛多站达-4.1℃。流域内月均气温，以每年 1 月最低，除河南站区外，全流域均在 0℃以下，因地势作用和大气环流影响等原因，黄河流域较世界同纬度地区平均偏低 10~14℃；每年 7 月为域内温差最小，全年温度最高的月份，其中河南、山东以及渭河流域湿度最高，月均气温达 24~26℃。

黄河流域多年平均降水量 476 毫米。降水分布的特点为东多西少、南多北少，从东南向西北递减。尤以渭河中下游南部和黄河上游的久治—军功区间为全流域雨量最大的地区，其降水量超过 700 毫米，其中的个别地区甚至高达 980 毫米。此外，北洛河中游与干流三门峡以下的中下游地区亦为多雨区，年降水量超过 600 毫米，个别地区如山东泰安站曾创下了年降水量 1475 毫米的流域最高纪录。而在流域的北中部地区，因深入内陆，且受山脉的屏障，年降水量大多在 150~550 毫米之间，其中内蒙古磴口站年降水量仅 144.5 毫米。黄河流域因受季风影响，降水的季节分配很不均匀，呈现出冬干春旱、夏秋降水集中的特点，年降水比例，春季为 13%~23%，夏季为 40%~66%，秋季为 18%~33%，冬季仅 1%~5%，尤其是 6~9 月降水比例可高达 58%~75%。黄河流域降水日数的分布趋势也呈南多北少、东多西少的特点，渭河南山支流区、葫芦河干流以东至千河上游区，以及北洛河中游干流和黄河下游的大汶河中上游，年降水日数最多，其中渭河南山支流区全年可多达

140 天。年降水数少于70 天的区域集中在黄河上游的兰州至河口镇区间，尤以石嘴山至临河区间最少，仅有 30~40 天。黄河流域降水的年际变化悬殊，其变化趋势为干旱程度愈大，年际差异愈悬殊。

黄河流域部分站年极端最高气温、最低气温　　（单位：℃）

站名	极端最高气温	极端最低气温	站名	极端最高气温	极端最低气温
黄河沿	22.9	−53.0	华家岭	28.2	−25.7
达日	24.6	−34.5	六盘山	23.7	−28.7
久治	27.1	−36.0	环县	37.5	−23.2
红原	25.6	−33.3	吴旗	37.8	−25.1
玛曲	23.6	−29.6	延安	39.4	−25.4
泽库	24.1	−34.4	太原	39.4	−25.5
贵德	34.0	−23.8	五台山	20.0	−44.8
西宁	33.5	−26.1	临汾	41.9	−25.6
兰州	39.1	−21.7	运城	42.7	−18.9
贺兰山	25.4	−32.2	天水	37.2	−19.2
银川	39.3	−30.6	西安	41.7	−20.6
临河	37.4	−35.3	华山	27.7	−25.5
包头	38.4	−31.4	安泽	38.0	−25.6
呼和浩特	37.3	−32.8	阳城	40.2	−19.7
河曲	38.4	−26.9	洛阳	44.3	−18.2
右玉	37.2	−40.4	郑州	43.0	−17.9
五寨	35.2	−38.1	济南	42.5	−19.7
榆林	38.6	−30.9	惠民	40.9	−22.8

第二章
水文黄河

一、水系发育

黄河水系的发育，北部和南部主要受阴山—天山和秦岭—昆仑两大纬向构造体系的控制；西部位于青藏高原"歹"字形构造体系的首部，中部受祁（连山）吕（梁山）贺（兰山）"山"字形构造体系控制；东部受新华夏构造体系影响，黄河潆洄其间，发展成为今日弯曲多变的黄河水系。

（1）黄河属太平洋水系，干流多弯曲，支流多集中在上中游。黄河支流流域面积大于 100 平方公里者共 220 条；支流面积大于 1000 平方公里者共 76 条，流域面积达 58 万平方公里，占全河集流面积的 77%；支流面积大于 1 万平方公里者共 11 条，流域面积达 37 万平方公里，占全河集流面积的 50%。因此，黄河支流以大型河流为主体。

（2）黄河水系呈左、右岸不对称分布，且沿程汇入疏密不均。黄河左岸流域面积 29.3 万平方公里，占全河集流面积的 39%；右岸流域面积 45.9 万平方公里，占全河集流面积的 61%。全河集流面积增长率平均为每公里 138 平方公里，其中上游河段长 3472 公里，增长率为每公里 111 平方公里；中游河段长 1206 公里，汇入支流最多，增长率为每公里 285 平方公里；下游河段长 786 公里,汇入支流最少，增长率仅为每公里 29 平方公里。

（3）黄河水系依地貌特征分为山地、山前与平原三种类型。这些不同类型的河流分布于流域各地，由于受地质构造、基岩性质与地表形态的影响，黄河水系的平面结构呈现出不同的形式。主要有以下几种：

一是树枝状水系。其特点为各级支流都以锐角形态汇入下一级支流或干流，形如乔木或灌木树枝。黄河流域内水系多为该种形态，尤以黄土高原地区的众多支流为代表。

二是格子状水系。其特点为水系的主支流纵横交错，一般呈大块网格状，以上中游山区，尤其是阿尼玛卿山、秦岭西段的河流较为典型。

三是羽毛状水系。因支流短小、密集，呈对称平行排列，状如羽毛，以湟水和洛河干流为代表。

四是散流状水系。其特点因是时令河，无固定形状，零星分散，流程较短，或散流于高台地上，或消失在沙漠之中，以上游皋兰、景泰一带的高台地区和鄂尔多斯沙漠地区的河流为代表。

五是扇状水系。其特点是多条河流同时向一点汇集，如折扇展开，呈向心扇状；另一类则呈放射状扇形，多在山区河流出峪的冲积扇面上出现，扇状水系一般规模都不大。黄河干流上有三个大的汇集点，上游河段在兰州汇集有洮河、大夏河、湟水等；中游河段在潼关汇集有渭河及支流泾河、北洛河、汾水、涑水河等；中游末端在郑州以西，汇集有洛河、蟒河及沁河等。

六是辐射状水系。其特点为以某一高山地为中心，河流向四周流去，呈辐射状，这类中心多分布在流域中心线部位，自西南向东北排列，如青海黄南的夏德日山，周围有泽曲、巴沟、茫拉河、隆务河、大夏河、洮河等，其他还有甘肃定西的华家岭、六盘山，陕西北部的白于山等地，均有数支河流汇集，形成典型的辐射状水系。

二、流域划分

根据黄河流域形成发育的地理、地质与水文条件，干流河道可分为上、中、下游及 11 个河段，黄河干流还形成有 6 大河湾。

1.上游河段

黄河上游自河源至内蒙古托克托县的河口镇，干道长3471.6 公里，流域面积 42.8 万平方公里，占全河流域面积的53.8%。青海玛多县多石峡以上地区为河源区，这里属湖盆宽谷带，海拔在 4200 米以上，盆地周围山势雄浑，湖盆西端的约古宗列盆地为黄河发源地。在这里不仅散布有众多的水泊，称为"古宗列曲"，在穿过"黄河第一峡"——茫尕峡后为沼泽地带的星宿海，以后又流经中国最大的高原淡水湖——扎陵湖与鄂陵湖，并逐渐成为一条河面宽 30~40 米的大河。由玛多至龙羊峡和龙羊峡至下河沿为黄河上游的第二、第三个河段，这里地质条件复杂，高山峡谷长短不同，沿河川地大小不一，水面落差达 2985 米，为黄河水利资源的富矿区。在青海、四川、甘肃三省交界处，因阿尼玛卿山而形成弯曲 180 度的唐克湾，为黄河第一大湾。其后因受共和湖及周围山地影响而又呈180 度转弯的唐乃亥湾，为黄河第二大湾。两者所形成的"S"

形大转弯，被称为"黄河第一曲"。而在龙羊峡以下川峡相间，在兰州附近连续的 4 个小弯，名曰兰州湾，则属于黄河第三大湾。在自下河沿至河口镇即黄河上游第四个河段，不仅属于宽浅的平原型冲积河流，而且也是黄河由北而东、而南的"几"字形套弯，左岸形成的美丽富饶的河套平原，素有"黄河百害，唯富一套"之说，河套湾不仅是黄河第四大湾，也是黄河

黄河干流各河段特征值

河段	起讫地点	流域面积[1]（平方公里）	河长（公里）	落差[2]（米）	比降（‰）	汇入支流[3]（条）
全河	河源至入海口	794712	5463.6	4480.0	8.2	76
上游	河源至河口镇	428235	3471.6	3496.0	10.1	43
	1.河源至玛多	20930	269.7	265.0	9.8	3
	2.玛多至龙羊峡	110490	1417.5	1765.0	12.5	22
	3.龙羊峡至下河沿	122722	793.9	1220.0	15.4	8
	4.下河沿至河口镇	174093	990.5	246.0	2.5	10
中游	河口镇至桃花峪	343751	1206.4	890.4	7.4	30
	1.河口镇至禹门口	111591	725.1	607.3	8.4	21
	2.禹门口至三门峡	190842	240.4	96.7	4.0	5
	3.三门峡至桃花峪	41318	240.9	186.4	7.7	4
下游	桃花峪至入海口	22726	785.6	93.6	1.2	3
	1.桃花峪至高村	4429	206.5	37.3	1.8	1
	2.高村至艾山	14990	193.2	22.7	1.2	2
	3.艾山至利津	2733	281.9	26.2	0.9	0
	4.利津至入海口	574	103.6	7.4	0.7	0

注：1.流域面积包括内流区。
　　　2.落差从约古宗列盆地上口计算。
　　　3.汇入支流是指流域面积在 1000 平方公里以上的一级支流。

流域最大的河湾。

2. 中游河段

自河口镇至郑州桃花峪为黄河中游，这段河长 1206.4 公里，又可分为 3 个河段。中游第一河段为河口镇至禹门口，这里黄河由北而南，飞流直下，将黄土高原切割成两半，形成河道比较顺直、河谷谷底较宽的以"晋陕峡谷"命名的典型的峡谷型河道。峡谷两岸为广阔的黄土高原，土质疏松，水土流失严重，因支流水系特别发育，也是黄河泥沙来源最多的地区。该河段下端的壶口瀑布，为黄河干流中唯一的瀑布，因黄河从 300 米宽的河道骤然束窄，并从 17 米高的"壶口"跌落在 30~50 米宽的石槽内，场面十分壮观。晋陕峡谷末端的龙门，河道由宽变窄，河水夺门而出，气势磅礴，形势险要。中游第二河段为禹门口至三门峡，黄河出禹门口后，直流南下进入汾渭盆地，至陕西潼关受阻于华山，急转 90 度东流，沿秦岭北麓直趋三门峡，称潼关湾，是黄河第五大湾。在该河段中，由晋陕峡谷南下的河道，河面开阔，水流平缓，冲淤变化剧烈，主流摆动频繁。而由潼关东流的河道，三门峡至孟津为黄河最后的峡谷河道，称为晋豫峡谷；孟津至桃花峪则为由山区进入平原的过渡性河段。

3. 下游河段

自桃花峪至入海口为黄河下游，河道长 785.6 公里，可分为 4 个河段。总的来说，下游河道穿行于华北平原，依托左右两条大堤约束的宽浅性河道，因大量泥沙淤积，逐年抬高而成为举世闻名的"地上悬河"。其中，桃花峪至高村为下游第一河段，这里河道宽浅，水流散乱，冲淤变化剧烈，为典型的游荡性河道。黄河在该河段中的兰考东坝头，由东流折而东北，形成了黄河第六大湾，即兰考湾。高村至艾山为下游第二河段，为游荡性河道与弯曲性河道之间的过渡性河段。艾山至利津为下游第三河段，两岸险工、控导工程鳞次栉比，但河势已得到基本控制，平面变化不大，属于弯曲性河道。自利津以下为下游第四河段的河口段，黄河入海口位于渤海湾与莱州湾之间，因大量泥沙淤积而来回摆动的黄河三角洲属弱潮多沙、摆动频繁的陆相河口。

三、主要支流

1.上游河段的主要支流

（1）白河和黑河。白河和黑河为黄河上游四川境内的两条大支流，位于黄河流域最南部，因分水岭低矮，无明显流域界，堪称"姊妹河"。白河，又称嘎曲河，发源于红原县查勒肯，河道长270公里，流域面积5488平方公里，均为土质河床，河水较清。黑河，又称墨曲河，发源于红原与松潘两县交界岷山西麓的洞亚恰，由东南流向西北，经若尔盖县，经甘肃玛曲汇入黄河，全长456公里，流域面积7608公里，因两岸沼泽泥炭发育，河水成灰色，故名黑河。两河水系发育为湖串形，沼泽遍地，湖泊众多，因河道平缓，排泄不畅，底层又为黏性土质，渗透性差，土壤经常处于饱和状态，且日照强烈，植物生长繁茂，有利于泥炭发育，泥炭层厚可达十几米以上，也是中国最大的沼泽地。

（2）洮河。洮河为黄河上游右岸的一条大支流，发源于青海省河南蒙古族自治县西倾山东麓，由甘肃永靖汇入刘家峡水库，全长 673 公里，流域面积 25527 平方公里。该河水多沙少，为黄河上游来水量最大的支流。洮河流域地形复杂多样，上游为河源草原区；中游为土石山林区和黄土丘陵区，大多为草场和森林；下游则为黄土丘陵沟壑区。流域大部分地区湿润多雨，因平均宽度只有 38 公里，不易形成大洪水。

（3）湟水。湟水为黄河上游左岸一条大支流，发源于青海海晏大坂山南麓，在甘肃永靖汇入黄河，全长 374 公里，流域面积 32863 平方公里。湟水流域处于青藏高原与黄土高原的交接地带，地质条件复杂，水系构造十分独特，形成湟水干流与大通河支流两个并行但自然条件迥异的地理景观区。其中大通河上游多沼泽，中下游为高山峡谷，域内气候寒冷，林草繁茂，人烟稀少，以畜牧业为主；湟水干流、支流众多，为黄土丘陵地形，气候温和，人口稠密，为农业开发较早的地区。

（4）大黑河。大黑河为黄河上游末端的一条大支流，发源于内蒙古卓资县境内，在托克托县城附近注入黄河，全长 236 公里，流域面积 17673 平方公里。大黑河由东部大黑河支流、西部诸支流及哈素海退水渠三部分组成。上游穿行于石山峡谷间，均有固定水路，但下游在河套平原并无固定流路，多与灌溉渠道交织在一起，并形成水系发达的重要粮食基地。

2.中游河段的主要支流

（1）无定河。无定河为黄河中游右岸的一条多沙支流，发源于陕西北部白于山北麓定边县境，经内蒙古伊克昭盟乌审旗，后转入陕西清涧县注入黄河，全长 491 公里，流域面积 30261 平方公里。无定河处于黄土高原北部与毛乌素沙漠边缘，流域内有风沙区、河源梁峁区及黄土丘陵沟壑区，年输沙量 2.17

亿吨,在黄河诸支流中，仅次于渭河，输沙总量位居第二。

(2) 汾河。汾河发源于山西宁武县管涔山，纵贯山西省中部，流经太原与临汾两大盆地，于万荣县汇入黄河，全长710公里，流域面积39471平方公里，为黄河第二大支流，也是山西省最大的河流。汾河水系受太行山、吕梁山经向构造体系的影响，在一连串的地堑盆地中发育成河。汾河流域土地肥沃，水浇地面积约占全省耕地面积的二分之一，为山西省的米粮仓，又因太原、榆次、临汾、侯马等城市分布其间，地位十分重要。

(3) 渭河。渭河位于黄河中游大"几"字形基底部位，西起鸟鼠山，东至潼关，北起白于山，南抵秦岭，流域面积13.48万平方公里，为黄河最大支流。其年径流量100.5亿立方米，年输沙量5.34亿吨，在黄河诸支流中均位居第一。渭河水系发育受秦岭纬向构造体系和祁、吕、贺"山"字形构造体系的影响，地质构造比较复杂，两岸支流呈不对称分布，渭河干流，河道长818公里，河源位于山间谷地，自宝鸡以下流经地堑断陷盆地的关中平原，河谷宽阔，水流弯曲。渭河支流众多，较大支流多分布在北岸，南岸支流多具有流程短、比降大、水多沙少的特点。其中，葫芦河发源于宁夏西吉月亮山，全长300公里，在甘肃天水三阳川注入渭河。泾河发源于宁夏泾源县六盘山东麓，全长455公里，在陕西高陵县注入渭河。泾河支流众多，河谷宽阔，水沙分布不均匀，是渭河的主要来沙区。北洛河发源于陕西定边县白于山南麓，全长680公里，在大荔县境汇入渭河，其支流众多，流域面积26905平方公里，北洛河上游地区水土流失严重，中游是产水的主要地区，尾闾因离黄河较近，历史上曾一度直接入黄河。泾河、北洛河虽属黄河二级支流，因流域面积大，水沙来量多，汇入点离渭河河口近，因此多将它们作为独立水系对待，常与渭河干流并称为"泾、洛、渭"。

3.中下游河段的主要支流

(1) 洛河。洛河发源于陕西蓝田境内华山南麓，至河南巩义市汇入黄河，河道长447公里，流域面积18881平方公里，年径流量34.3亿立方米，年输沙量0.18亿吨，水多沙少，为黄河多水支流之一。洛河流域西南高东北低，河流走向大致与黄河平行，上中游为土石山区，植被较好；中下游为黄土丘陵区，为泥沙主要来源区；沿河的河谷盆地形成冲积平原，为农业发达与人口密集的地区。洛河支流众多，源短流急，多呈对称平行排列，其最大支流为伊河，占洛河流域面积的31.9%；次大支流为涧河，占洛河流域面积的7.1%，伊、洛、涧河如同时发生洪水，汇流集中并可形成较大的洪峰流量。

(2) 沁河。沁河发源于山西平遥县黑城村，自北而南，过沁潞高原，穿太行山，自济源五龙口进入冲积平原，由河南武陟县汇入黄河，全长485公里，流域面积13532平方公里。流域边缘多分布有海拔1500米以上的高山，域内以石山林区、土石丘陵区为主，河谷盆地与冲积平原占较小部分，虽有灌溉之利，也有洪灾之威胁。沁河最大支流为丹河，发源于山西高平丹朱岭，并在进入河南的冲积平原之后，在博爱汇入沁河，全长169公里，流域面积3152平方公里。丹、沁河汇流后，水量加大，沁河干流不仅筑有大堤，因淤积河床高出两岸地面2~4米，成为"地上河"，极易决口泛滥。

（3）金堤河。金堤河发源于河南新乡县境内，流向东北，在台前县张庄附近穿临黄堤入黄河，滑县以下干流长 158.6 公里，是一条平原坡水河流，主要支流有黄庄河、回木沟和孟楼河等，流域形状上宽下窄，呈狭长三角形，面积 4869 平方公里。金堤河为季节性河流，水源除降水外，还有引黄灌溉区弃水、退水和黄河干流侧渗补水等。因水量不足、水系紊乱、排水不畅，金堤河入黄日益困难，旱涝碱沙灾害频繁。

（4）大汶河。大汶河发源于山东旋崮山北麓沂源县境内，由东向西汇注东平湖，出陈山口后入黄河，全长 239 公里，流域面积 9098 平方公里。流域地势东高西低、北高南低，山区与丘陵占近 70%。大汶河流域气候温和，雨量较丰，但年际与年内分配不均，干支流多为源短流急的山洪河流，涨落迅猛，极易造成旱涝灾害，因此在干支流上已建成大中型水库 18 座，小型水库百余座，总库容 11 亿立方米，使水害变为水利。

四、洪水泥沙

1.黄河洪水

黄河洪水可分为暴雨洪水与冰凌洪水两大类型。暴雨洪水发生在 7、8 月份者称为"伏汛"，发生在 9、10 月份者称为"秋汛"，因其时间接近，故联称为"伏秋大汛"。冰凌洪水在下游河段多发生在 2 月，在内蒙古河段多发生在 3 月，一般统称为"凌汛"。

（1）暴雨洪水。黄河暴雨洪水以上中游来水为主，尤其是中游洪水对下游河道安全影响最大。黄河上游洪水主要是降雨洪水，上游兰州以上地区由于海拔较高，一般多以强连阴雨天气出现，其特点是面积大、历时长、不易形成暴雨，所以强度并不大，涨落平缓，洪水过程线呈矮胖型。兰州以下，洪峰流量沿程递增，特别是洮河、湟水较大支流汇入后，流量明显增加，但在经过干旱地区，尤其是河套平原的宽浅河道之后，洪水总量已大为减弱，到中下游时已成为基流。

黄河中游地区河道长占全河总长的22.1%，而流域面积却占总流域面积的45.7%，汇入支流众多，面积增长率为全河平均值的2.07倍，黄河中游为黄河流域的主要暴雨区和黄河下游洪水的主要来源区。黄河中游的洪水主要是暴雨洪水，其天气成因，一方面从环流形势而言，盛夏多为经向型或纬向型环流；另一方面从天气气候而言，地面多为冷锋，高空多为切变线、西风槽、低涡、三合点和台风等。大暴雨和特大暴雨多由切变线配合低涡或台风形成，其特点是强度大、历时短、雨区面积一般较上游小。而在三门峡至花园口区间，暴雨频繁，强度亦较大，点暴雨量每日可达300~500毫米，降雨历时一般2~3天，暴雨面积一般为2万~3万平方公里。黄河中游地区61%的面积为黄土高原，其沟壑纵横，支流众多，河道比降陡。由暴雨形成的洪水特点是洪峰高、历时短、含沙量大，洪水发生的时间基本上集中在7月中旬至8月上旬。黄土高原土质疏松，地形破碎，植被覆盖率低，在高强度暴雨的冲击下，产生强烈的土壤侵蚀，致使中游地区的洪水挟带大量的泥沙，黄河多年平均输沙量16亿吨中的89%来自中游地区，其中90%来自汛期，汛期泥沙主要集中来自几次高含沙量的洪水。

黄河下游地区是黄河洪水的主要泛滥区，下游大洪水和特大洪水主要为黄河中游来水。一是河口镇至龙门区间、龙门至三门峡区间来水为主所形成的"上大型"洪水，多由西南东北向切变线带低涡暴雨所形成，其特点为洪峰高、洪量大、含沙量也大，对黄河下游威胁严重，这类洪水以1843年和1933年洪水为代表。二是三门峡至花园口区间来水为主的"下大型"洪水，多由南北向切变线加上低涡或台风间接影响而产生的暴雨所形成，其特点是洪水涨势猛、洪峰高、含沙量小、预见期短，对黄河下游防洪威胁很大，尤以1761年、1958年、1982年洪水为代表。三是由龙门至三门峡、三门峡至花园口区间共同形成的"上下较大型"洪水，系由东西向切变线带低涡暴雨所形成，其特点为洪峰较低、历时较长、含沙量较小，尤以1957年和1964年洪水为代表。黄河下游洪水，因季节不同而有所差异。伏汛洪水的洪峰为尖瘦型，洪峰高、历时短、含沙

花园口站各类典型大洪水来水组成情况

洪水类型	年份	花园口站			三门峡站				三门峡占花园口来水比例(%)	
		洪峰		12天洪量	洪峰		组成花园口洪峰流量	相应花园口12天洪量	洪峰流量	12天洪量
		时间(月·日)	流量		本站最大					
					时间(月·日)	流量				
上大型	1843	8.10	33000	136	8.9	36000	30800	110	93.3	87.6
	1933	8.11	20400	101	8.10	22000	18500	91.8	90.7	91.4
下大型	1761	8.18	32000	120			6000	50.0	18.8	41.6
	1958	7.17	22300	88.9			6400	51.5	28.7	59.3
上下较大型	1957	7.19	13000	66.3			5700	43.1	43.8	64.0

注:流量单位:立方米每秒;洪量单位:亿立方米。

量大;秋汛洪水的洪峰为低胖型,多由强连阴雨的暴雨所形成,具有洪峰低、历时长、含沙量大的特点。

(2)冰凌洪水。黄河凌汛与黄河流域冬季受西北风影响,气候干燥寒冷而导致部分河段结冰封河有关。每年春季,黄河开河时在宁夏石嘴山至内蒙古河口镇,郑州花园口至入海口这两大河段,形成冰凌洪水,由于这两大河段河道比降平缓,流速较小,河流的流向都是由低纬度流向高纬度,纬度差较大;气温上暖下寒,结冰封河为溯源而上,而解冻开河则是自上而下,当上游解冻开河时,下游往往还处于封河状态,上游下泄的冰水在急弯、卡口等狭窄河段排泄不畅,极易结成冰坝、冰塞,堵塞河道,导致上游水位急剧增高,威胁堤坝安全,甚至决口。冰凌洪水有两个特点:一是冰凌洪水的洪峰流量沿程递增,这与黄河下游伏秋大汛洪峰流量沿程递减的情况正好相反。二是流量不大,水位很高。因河道排泄不畅,或冰坝堵塞,造成上游河段水位迅速壅高,从而造成决口和洪水泛滥。

(3)洪水威胁。黄河上、中、下游都存在不同程度的洪水危害。尽管小浪底水库投入运用后,防洪减淤效益显著,但由于黄河下游是举世闻名的"地上悬河",下游仍有发生大洪水的可能。小浪底至花园口的无控制区(即小浪底、陆浑、故县至花园口区间)百年一遇设计洪水洪峰流量为 12900 立方米每秒,该区间以上来水经三门峡、小浪底、陆浑、故县四座水库联合调节运用后,花园口百年一遇洪峰流量达 15700 立方米每秒,千年一遇洪水高达 26000 立方米每秒,且预见期都很短,对堤防仍有较大威胁。目前,黄河下游防洪保护区面积达 12 万平方公里,涉及冀、鲁、豫、皖、苏 5 省所属 110 个县(市),1.1

亿亩耕地，8755 万人口，大堤一旦决口泛滥，将打乱整个国民经济的部署，对生态环境将造成长期难以恢复的不良影响。因此，黄河洪水威胁依然是我国的心腹之患，保证黄河防洪安全仍然是一项长期而艰巨的重要任务。

2.黄河泥沙

黄河以泥沙多而著称，平均每年输沙量为 16 亿吨，平均含沙量为 37.8 千克每立方米，黄河年输沙量之多，含沙量之高，居世界大江大河之首。黄河上游平均含沙量近 6 千克每立方米，多年平均输沙量 1.42 亿吨，仅占全河输沙总量的 8.7%。可见，这里并不是黄河泥沙的主要来源区。黄河中游流经黄土高原，每遇暴雨造成严重的水土流失，大量泥沙通过支流汇入黄河。黄河泥沙来源比较集中于三大地区：一是河口镇至延水关之间两岸的支流；二是无定河的支流红柳河、芦河、大理河，以及清涧河、延水、北洛河和泾河支流马莲河等；三是渭河上游北岸支流葫芦河中下游和散渡河地区。黄河中游的诸支流中，多年来来沙量超过 1.0 亿吨的有 4 条，其中泾河年均来沙量高达 2.62 亿吨，占全河来沙量的 16.1%；无定河年均来沙量 2.12 亿吨，占 13%；渭河年均来沙量 1.86 亿吨,占 11.4%；窟野河年均来沙量 1.36 亿吨，占 8.4%。以黄河流域各省份计算，陕西来沙量约占全河来沙量的 41.7%，甘肃占 25.4%，山西占 17.3%。另外，黄河泥沙还有"水沙异源"的显著特点。据统计，在河口镇以上的上游地区占全河流域面积的 51.3%，来水量占全河总水量的 54%，来沙量仅占全河总沙量的 8.7%。但中游河口镇至龙门河段，占全河流域面积的 14.9%，来水量仅占 14%，来沙量却占 55%；龙门至潼关河段，来水量占 22%，来沙量占 34%；三门峡以下河段来水量占 10%，来沙量仅占 2%。可见，来水量主要集中在黄河上游地区，来沙量则集中在中游地区。黄河泥沙在时间分布上也不均衡，表现为年际变化大，如陕县站最多年份来沙量达 39.1亿吨，最少的仅 4.88 亿吨，前者为后者的 7 倍多；年内分配也不均匀，来沙量的 80%集中在汛期。

黄河各个河段的泥沙输移也不一样。黄河上游河段一般为冲积性河道，河床正常处于缓慢上升阶段。中游的黄土丘陵沟壑区，支系坡陡流急，多为输送泥沙的渠道，相关泥沙随水流经干沟与支沟流入黄河支流，很少有淤积。晋陕峡谷各段的黄河支流因流短坡陡，亦未发现明显的淤积；而该河段干流，多年平均趋于冲淤平衡，在正常情况下，均为输送泥沙的"渠道"。龙门至潼关段，河道宽、浅、散、乱，为堆积性、游荡性河道，有一定的滞洪落淤作用。一般表现为汛期淤积、非汛期冲刷，多年平均呈淤积状态，尤以"揭河底"冲刷为本河段的显著特点。而晋豫峡谷，则为"输沙渠道"。自孟津以下黄河进入平原地区，河道宽阔，比降平缓，水流散乱，泥沙大量淤积，形成典型的强烈堆积性河段。

据统计，在进入下游的 16 亿吨泥沙中，约 1/4 淤积在利津以上河道，1/2 淤积在利津以下的河口三角洲及滨海地区，其余 1/4 被输往深海。与此同时，下游河道泥沙淤积的集中性特别明显，即一是集中发生在多沙年，二是集中发生在汛期，三是集中发生在几场高含沙量的洪水。在黄河泥沙中，尤以来自黄河中游河口镇至无定河黄河右岸支流和无定河中下游即广义的白于山河源区的粗泥沙占下游河道淤积总量的比例为最大。

因此，减少粗泥沙输沙量对于减轻下游河道淤积十分重要。

五、水力资源

1.水资源总量

黄河水资源包括河川径流量和地下水资源量两部分。1919年，在河南陕县和山东泺口设立的两处水文站，开始以现代科学技术为基础的黄河水文观测，形成了一批有价值的黄河实测年径流量数据。根据 1919~1975 年系列资料统计，黄河花园口

黄河干支流主要站天然年径流成果

（1919 年 7 月 ~1975 年 6 月 56 年系列）

河　名		站　名	实测年径流量（亿立方米）	天然年径流量（亿立方米）		
				全年	汛期	非汛期
黄河干流	黄　河	贵　德	202.00	202.81	121.84	80.97
	黄　河	兰　州	315.33	322.58	191.14	131.44
	黄　河	河口镇	247.38	312.60	190.60	122.00
	黄　河	龙　门	319.06	385.12	229.40	155.72
	黄　河	三门峡	418.50	498.40	294.17	204.23
	黄　河	花园口	469.81	559.19	331.71	227.48
黄河主要支流	汾　河	河　津	15.63	20.12	11.53	8.59
	北洛河	洑　头	7.00	7.55	4.22	3.33
	泾　河	张家山	15.06	16.86	11.20	5.66
	渭　河	华　县	80.06	87.36	51.65	35.71
	洛　河	黑石关	33.66	35.91	21.68	14.23
	沁　河	小　董	13.37	15.11	9.81	5.30

站多年实测径流量为 470 亿立方米。考虑到人类活动的影响，将逐年的灌溉耗水量以及大型水库调蓄量还原后，花园口站多年平均天然径流量为 559 亿立方米。把花园口以下支流金堤河、天然文岩渠、大汶河的天然年径流量 21 亿立方米计入，黄河流域多年平均天然年径流量为 580 亿立方米，加上黄河流域地下水可开采量为 110 亿立方米，黄河流域水资源总量为 690 亿立方米。

2.黄河水资源的主要特点

（1）水少沙多，水资源匮乏。黄河作为我国西北、华北地区最重要的水资源，年均径流量 580 亿立方米，仅是长江的 1/17，居我国七大江河的第 4 位，占全国河川径流量的 2%；含沙量很高，下游多年平均输沙量 16 亿吨，干流最高含沙量 920 公斤每立方米，在世界江河中名列第一，如果把 16 亿吨泥沙堆成高、宽各 1 米的土堤，可以绕地球赤道 27 圈。流域内人均水量 543 立方米，为全国人均水量的 25%；耕地亩均水量 307 立方米，为全国亩均水量的 16%。

（2）时空分布不均，年际变化大。黄河全年 60% 的水量和 80% 的沙量集中在汛期 7、8、9、10 四个月，容易形成暴雨洪水和高含沙洪水。非汛期来水少，造成干旱缺水甚至断流。上游兰州以上流域面积仅占全河的 29.6%，年径流量却占全河的 56%。兰州至河口镇区间，产流很少，河道蒸发渗漏严重，河口镇年径流量比兰州减少 10 亿立方米。龙门至三门峡区间的流域面积占黄河的 25.4%，年径流量占全河的 19.5%。

（3）水沙异源，水土资源分布不一致。黄河河川径流地区分布极不均匀。全河径流的一半以上来自兰州以上，宁、蒙地

黄河天然径流地区分布（1919~1975 年系列）

区间	控制面积		平均年径流量		年径流深（毫米）
	平方公里	占全河（%）	亿立方米	占全河（%）	
兰州以上	222551	29.6	322.6	55.6	145.0
兰州至河口镇	163415	21.7	−10.0	−1.7	—
河口镇至龙门	111586	14.8	72.5	12.5	65.0
龙门至三门峡	190869	25.4	113.3	19.5	59.4
三门峡至花园口	41616	5.5	60.8	10.5	146.1
花园口以上	730036	97.0	559.2	96.4	76.7
花园口至黄河口	22407	3.0	21.0	3.6	93.7
黄河流域	752443	100.0	580.2	100.0	77.1

区古河道产流很少，河道蒸发渗漏强烈，下游为地下河，支流汇入很少。黄河沙量的 90% 来自中游河口镇至潼关河段，其中河口镇至龙门区间输沙量高达 6.78 亿吨左右，占全河输沙量的 59.3%。兰州以上来沙量仅占全河的 10%，是黄河清水的主要来源区。

3.水资源利用

全流域已建成大、中、小型水库及塘堰坝等蓄水工程，总库容约 720 亿立方米；引水工程约 9860 处，提水工程约 23600处，灌溉面积达 1.1 亿亩；黄河还承担着本流域和下游引黄灌区占全国 15% 耕地面积和 12% 人口及 50 多座大中城市的供水任务，同时还承担着向流域外天津、河北、青岛等部分地区远距离调水供水的任务。

4.水资源未来变化趋势

根据 1956~2000 年资料系列计算，黄河流域水资源总量为647.1 亿立方米（见下表），其中，河川天然径流量 534.79 亿

黄河干支流主要水文站水资源总量基本特征（1956~2000 年 45 年系列）

河流	水文站	集水面积（万平方公里）	河川天然径流量（亿立方米）	地表水与地下水之间不重复计算量（亿立方米）	水资源总量（亿立方米）
黄河干流	唐乃亥	12.20	205.15	0.46	205.60
	兰州	22.26	329.89	2.02	331.91
	河口镇	38.60	331.75	24.70	356.45
	龙门	49.76	379.12	43.39	422.51
	三门峡	68.84	482.72	80.01	562.73
	花园口	73.00	532.78	88.05	620.83
	利津	75.19	534.79	103.47	638.26
湟水	民和	1.53	20.53	1.10	21.63
渭河	华县	10.65	80.93	16.86	97.79
泾河	张家山	4.32	18.46	0.57	19.03
北洛河	洑头	2.52	8.96	1.09	10.05
汾河	河津	3.87	18.47	12.81	31.28
伊洛河	黑石关	1.86	28.32	2.84	31.16
沁河	武陟	1.29	13.00	3.25	16.25
大汶河	戴村坝	0.83	11.81	6.97	18.78
黄河流域		79.50	534.79	112.31	647.10

立方米（占水资源总量的 82.6%），地表水与地下水不重复计算量 112.31 亿立方米（占水资源总量的 7.4%）。近 20 年来，由于气候变化和人类活动对下垫面的影响，黄河流域水资源情势发生了变化，黄河中游变化尤其显著，水资源数量明显减少。引起黄河水资源量明显减少的原因一是降水偏枯，二是流域下垫面变化导致降雨径流关系变化。随着水土保持作用的发挥和降水水量尤其是历史暴雨次数减少，进入黄河下游的沙量也相应减少。黄河三门峡 1956~1979 年实测输沙量 14.2 亿吨，1980~2000 年实测输沙量 8.2 亿吨，减少了 42%。由于黄土高原水土保持工程建设、地下水的开发利用都将影响产汇流关系向产流不利的方向变化，在降水量不变的情况下，黄河天然径流量将进一步减少，即使根据目前使用的黄河多年平均径流量580 亿立方米，考虑河道内生态环境的低限需水量 210 亿立方米，相应黄河可供国民经济耗用河川径流 370 亿立方米。地下水与河川径流不重复部分的最大可开采量 110 亿立方米计，则黄河流域地表水、地下水多年平均可供水量 480 亿立方米。在充分利用地下水和保证生态环境低限用水的前提下，按正常年份供需平衡计算，2010 年缺水 40 亿立方米，2030 年缺水 110 亿立方米，2050 年缺水 160 亿立方米。遇枯水年份，缺水量将更大。

5.电力开发

黄河水资源总量，尤其是河川径流量与其他江河相比虽不算太丰富，但是上中游峡谷较多，且比降陡，落差大，水力资源丰富，工程造价低，淹没损失小，具有良好的水电开发条件。1979 年，全国水力资源普查结果表明：黄河流域水利资源蕴藏量为 4054.8 万千瓦，年均发电量 3552 亿千瓦时，73.3% 的水力资源分布在黄河干流上，尤以玛曲至青铜峡、河口镇至花园口两个河段最具优势；支流水力资源理论蕴藏量为 1078.2 万千瓦，年均发电量 944.5 亿千瓦时，尤以洮河、湟水、渭河最具优势；全流域可能开发的装机容量大于 1 万千瓦以上的水电站共 100 座，总装机容量 2727.7 万千瓦，年均发电量 1137.2 亿千瓦时，在全国七大江河中居第二位。

根据 2002 年 7 月 14 日国务院批复的《黄河近期重点治理开发规划》，黄河流域可开发的水能资源总装机容量 3344 万千瓦，年发电量约 1136 亿千瓦时。

黄河干流各河段水力资源分布情况（1979 年普查资料）

河　段	河道长（公里）	落差（米）	比降（‰）	理　论蕴藏量（万千瓦）	可开发水力资源			年发电量占全干流比重（%）
					电站数	装机容量（万千瓦）	年发电量（亿千瓦时）	
河　源—黄河沿	270	233	8.6	2.0	—	—	—	—
黄河沿—玛　曲	912	815	8.9	141.2	4	67.2	34.3	3.3
玛　曲—野狐峡	413	820	19.8	448.2	8	567.9	241.0	23.2
野狐峡—青铜峡	1009	1447	14.3	1156.4	16	1232.9	499.4	48.2
青铜峡—河口镇	868	149	1.7	132.9	3	16.0	8.4	0.8
河口镇—龙　门	725	607	8.4	562.0	8	440.2	169.6	16.4
龙　门—潼　关	125	52	4.1	64.3				
潼　关—花园口	374	236	6.3	330.0	3	189.4	84.3	8.1
花园口—河　口	768	89	1.16	136.4				
总　　计	5464	4448		2973.4	42	2513.6	1037.0	100.0

六、断流情况

1.基本情况

断流是河流水文的一种现象。河流在某一断面的日平均流量等于零，称之为全日断流；日平均流量不为零，但一日内某些时段流量等于零，称间歇断流。断流天数系指全日断流与间歇断流天数之和。历史时期，虽然偶有"黄河竭"的记载，但在 20 世纪 70 年代以前很少有黄河断流的现象。

自 1972 年至 1998 年共 27 年中，黄河下游共有 21 年发生断流，平均 5 年中有 4 年发生了断流。21 年中发生断流 84次，共计 1045 天，年均断流达 50 天。尤其是自 1990 年以后，黄河年年断流，累计断流 854 天，平均每年断流约 106 天。1997 年的黄河断流，在断流历时最长、断流河段最长、主汛期断流、洪峰与断流并存、断流频次最多、断流月份最多等多个方面创历史之最。

2.断流原因

黄河下游持续断流的原因主要有以下 5 个方面：一是黄河流域水资源十分贫乏，而用水量却日益增长，使水资源需求超过供应而出现供水不足，形成黄河断流。二是黄河水资源时空分布与水资源使用的时空结构有很大差异，造成黄河断流。三是近期降雨、径流量明显减少，造成 20 世纪 90 年代以来黄河断流。四是黄河中游水量调蓄能力低，使黄河水资源没有得到更充分利用，从而造成黄河断流。五是没有建立统一的水资源调度管理体制，使紧缺的黄河水资源无法得到最佳配置，从而引起黄河断流。

黄河下游利津站历年断流情况统计

年份	断流最早日期（月·日）	7～9月断流天数	断流次数	全年断流天数			断流河段长（公里）
				全日	间歇	合计	
1972	4.23	0	3	15	4	19	310
1974	5.14	11	2	18	2	20	316
1975	5.31	0	2	11	2	13	278
1976	5.18	0	1	6	2	8	166
1978	6.3	0	4	0	5	5	104
1979	5.27	9	2	19	2	21	278
1980	5.14	1	3	4	4	8	104
1981	5.17	0	5	26	10	36	662
1982	6.8	0	1	8	2	10	278
1983	6.26	0	1	3	2	5	104
1987	10.1	0	2	14	3	17	216
1988	6.27	1	2	3	2	5	150
1989	4.4	14	3	19	5	24	277
1991	5.15	0	2	13	3	16	131
1992	3.16	27	5	73	10	83	303
1993	2.13	0	5	49	11	60	278
1994	4.3	1	4	66	8	74	380
1995	3.4	23	3	117	5	122	683
1996	2.14	15	6	122	14	136	579
1997	2.7	76	13	202	24	226	704
1998	1.1	19	16	114	28	142	515
1999	2.6	1	3	39	3	42	278

3.断流特点

黄河下游断流有以下5个特点:一是首次断流时间不断提前。20世纪70年代至80年代断流时间最早在4月,90年代最早提前至2月,1998年首次出现跨年度断流。二是累计断流天数不断增加。70年代年均断流14天,80年代年均断流15天,到90年代年均断流约106天,呈跳跃式发展。三是断流时间逐年延长。早期断流集中在5、6、7三个月,占总天数的86%。到后来发展到3~7月份都断流,甚至全年断流,连续5年几乎整个6月份都处于断流状态。四是断流河段长度不断增加。70年代断流长度242公里,80年代达到256公里,90年代则增加到400公里以上。五是水量大时也会断流。70年代与80年代,花园口站月均流量小于750立方米每秒时,下游才有可能发生断流,但到90年代,花园口站月均流量为1100立方米每秒时,也会发生断流。在1997年,下游利津站在汛期自然过流仅5天。

黄河断流引起社会各界的广泛关注,党和国家领导人也十分重视。1998年12月14日,国家计委、水利部在报经国务院批准后,以计地区[1998]2520号文联合颁发了《关于颁布实施〈黄河可供水量年度分配及干流水量调度方案〉和〈黄河水量调度管理办法〉的通知》,授权黄河水利委员会统一调度黄河水量。近年来,黄委在加强黄河流域水资源统一管理、加强黄河水量的统一调度方面,作了大量工作,黄河断流问题已有所缓解。

第三章
人文黄河

一、史前遗踪

1.古人类化石的发现与旧石器文化

黄河流域及其扩展区，是中国人类的摇篮与故乡，从早期人类化石及相关遗址看，在黄河北流的京津地区，即燕山南麓、太行山以东的浅山区，在黄河中游的山西地区，以及邻近陕西的黄土高原区，均为早期人类的重要活动地，属于旧石器时代早期的遗址。如北京周口店猿人遗址，属洞穴遗址，经过数十年的考古发掘，共发现 40 余个个体的颅骨和四肢骨。距今约 46 万年至 23 万年，发现有石器与骨器，并发现厚达 6 米的灰烬堆积，反映了这个时期已有火的发明及长期的保存与使用。在山西芮城的西侯度遗址，属于更新世早期，距今约 180万年。在陕西蓝田公王岭的更新世中期地层，发现有被命名为蓝田猿人的头盖骨等，距今约 110 万年至 115 万年，至少不低于 75 万年；在蓝田的陈家窝，发现有下颚骨及石器，距今约50 万年至 65 万年。旧石器时代中期文化，属于早期智人阶段。以山西襄汾丁村文化为代表，在已发现的 20 余个地点中，不但发现有牙齿化石，也发现有大型的打制石器。山西阳高的许家窑遗址，也发现有 14 个个体的人类化石，以及大量的打制石器。在陕西大荔县的甜水沟遗址，发现了"大荔人"化

中国古人类和古文化时代表

地质时代		"绝对"年代（万年）	冰期		古人类和古文化			文化时代
			欧洲	中国	华南地区	华北地区		
						大石片砍砸器—三棱大尖状传统	细石器传统	
全新世			冰期后					新石器时代
						鹅毛口文化	小南海文化	晚期
更新世	晚	5	武木冰期	大理冰期	柳江人	山顶洞文化 下川文化 峙峪文化		旧
						丁村文化	许家窑人文化	中期
			伊姆间冰期	丁村期				
	中	10	里士冰期	庐山冰期				早
			霍尔斯太因间冰期	周口店期			北京人文化	石
		50	民德冰期	大姑冰期	石龙头文化 观音洞文化	匼河文化		器
			克罗默尔间冰期	公王岭期				
	早	100	贡兹冰期	鄱阳冰期		蓝田人文化		时
			特格仑间冰期	西侯度期		西侯度文化	?	
新世		200	多瑙冰期	龙川冰期	元谋人文化			代
		300						期

石，以及相关遗物，其年代测定为距今23万年至18万年。旧石器时代晚期文化，属于晚期智人阶段。北京周口店的山顶洞人最具代表性，已发现的"山顶洞人"化石，分属于男女老幼共10个个体，从发现的3个完整头盖骨分析，其整体形态与当代中国人已十分接近。在山顶洞发现的人骨周围撒放赤铁矿石粉末的做法似与信仰有关；穿孔石饰的发现，反映当时技术的进步。在陕西黄龙县徐家坟山、山西朔县峙峪、河南安阳小南海、陕西韩城禹门、甘肃环县刘家岔、内蒙古萨拉乌苏，以及山西沁水县下川遗址等，均发现了相关的遗物或人类化石，这个时期遗址数量增多，分布得更加广泛，反映在距今10万年至1万年之间，黄河区域的文化已呈现出蓬勃发展的势头。

2.农业发明与新石器时代文化

新石器时代是以农业发生与定居为主要标志。其主要生产工具也以打制石器而转变为磨制石器。新石器时代早期文化，在黄河流域还存在着缺环，在河北徐水县南庄头遗址，发现了农业初期的一些内容，其所测定的年代为距今9700年至10500年，但因发掘面积过小，许多问题还没有搞清楚。在北京门头沟区的东胡林村也发现了类似的线索，但应继续做工作。新石器时代中期文化，已由刀耕火种转变为耜耕阶段，绝对年代为距今7000年左右。最具代表性者为分布于中原地区的裴李岗文化，该类遗址以出土精致的长条形磨光石铲、琢磨兼制的石磨盘和石磨棒，以及原始质朴的陶器而著称。在属于该文化的河南舞阳贾湖遗址中，不但有稻谷遗存，还有类似于酒的液体、精美的骨笛以及楔刻形符号。分布于豫北冀南地区的磁山文化，以靴形的陶支座最具典型性，所发现的大型储藏窖穴中，还发现有谷物的残留物。属于同类遗存，还有分布于渭河流域和关中地区的老官台文化、分布于鲁西地区的后李文化和北辛文化，这些文化年代都在 7000 年上下，有的文化本身延续近千年。

新石器晚期文化，则属于发达的锄耕农业阶段，尤以发现于河南渑池仰韶村而命名的仰韶文化最具代表性。仰韶文化分布的范围极为广阔，以渭河流域与关中地区、河南大部分地区，以及冀南与晋北为重要分布区。仰韶文化以彩陶而著称，在甘肃秦安大地湾遗址发现有殿堂式建筑，其居住面坚硬程度类似于当代的水泥，所绘地画极具代表性。在河南濮阳西水坡遗址，还发现有蚌塑的龙、虎图案。在陕西西安半坡、临潼姜寨遗址发现有较为典型的完整的聚落遗址。在郑州西山遗址，发现了中原最早

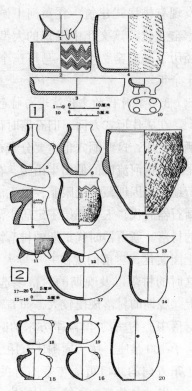

磁山和裴李岗的陶器

1）1.钵形鼎　2、4.盂　3.盘　5、6.双耳壶　7、8.罐
9.支架　10.四足器（河北武安磁山出土）
2）11、12.斜形鼎　13.圈足钵　14、20.罐
15、16、18、19.双耳壶　17.钵（河南新郑裴李岗出土）

的古城址。仰韶文化核正后的年代为距今 6800 年至 4800 年，前后延续约 2000 年。在山东大部分地区及苏、皖北部发现有大汶口文化，该文化发现有大型的墓地，墓葬中有精美的玉器及造型精巧独特的陶器。在安徽蒙城的尉迟寺遗址中，还发现有排房式建筑。在黄河上游与仰韶文化大致相当者是马家窑文化，该文化中发现的大型彩陶罐最具代表性。其先后经历了马家窑、半山、马厂三个类型的变化，时间延续也达千余年。

3.石器时代的文化演进与特色

在居住形式方面，旧石器时代的人们更多地选择洞穴作为栖身之所，这些洞穴也主要分布在接近平原的浅山区，或山前平原的近河流区的低山半山腰，在平原地区发现有当时人们的营地，但因埋藏情况限制，已无法了解更为详尽的情况。到了新石器时代，人们开始了定居生活，并且出现了与农业相适应的村落。新石器时代早期的村落情况还不十分清楚，中期的裴李岗文化，村落的规模并不算大，多为圆形的半地穴式房子，这时的村落以及晚期的村落多选择在两河交汇处的二级台地上。晚期的村落规模较大，如姜寨遗址，占地达 20 万平方米，村落中心为一约 4000 平方米的圆形广场，其周围分布有各类房子 100 余座。房子周围还有用于防御的环壕，在壕沟东南和正东方向的缺口可能与寨门有关。其周围还有烧制陶器的窑场，以及公共墓地。壕沟内的房子可分为 5 组，每组房子由一个大房子及若干个小房子构成，反映了这是一个典型的自给自足的凝聚式的社会结构。与姜寨遗址的圆形与方形房子不同，在郑州大河村、安徽蒙城尉迟寺等遗址，发现有长方形的排式

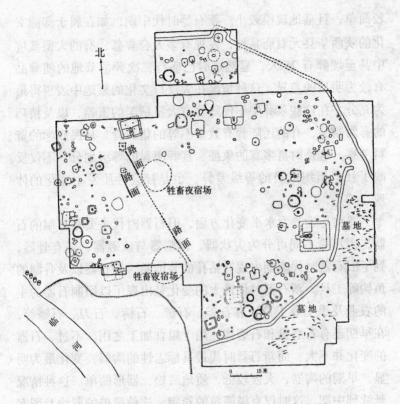

北

牲畜夜宿场

墓地

路面

路面

牲畜夜宿场

墓地

临河

0   15米

仰韶文化村落遗址布局示意图 （陕西临潼姜寨出土）

建筑，这种房屋结构的变化可能与社会结构即婚姻关系的变化
有关。

　　在埋葬形式方面，旧石器时代还没有发现专门的墓地，但
在山顶洞发现有在人骨架周围撒放赤铁矿粉，反映了这时已有
一定的原始灵魂不死的观念。到了新石器时代，与定居生活相
适应，在村落周围有了专门的墓地。多为单人埋葬，随葬品比

较简单，且墓地规模较小。新石器时代中期，如在属于仰韶文化的陕西华县元君庙墓地，发现有多人合葬墓，有的大型墓坑中甚至埋葬有 25 人，显然这时已盛行二次葬。墓地的随葬品有较为明显的差异，这种情况在大汶口文化的墓地中表现得最为充分，在这些墓葬中不仅随葬有大量精美的玉器，以及精巧的彩陶制品，有的还随葬有数量不等的猪头骨，从民族学的资料考察，这是财富多寡的象征。墓葬明显的等级划分，不仅反映了社会组织成员的等级差异，也是社会性质发生变化的体现。

器物与生产力水平变化方面，旧石器时代主要是打制的石器，因用途不同可分为尖状器、刮削器与砍砸器，还有骨器，到了旧石器时代晚期出现有钻孔的装饰品，细石器以及骨制的鱼钩等工具。新石器时代最大的变化是出现了以磨制石器为主的农业及手工业工具，有石斧、石铲、石锛、石刀、石镰等，在早期还有石磨盘和石磨棒，用于粮食加工之用。不过，石器的变化并不大，而新石器时代最具标志性的陶器，变化最为明显。早期的陶器，火候较低，质地疏松，器形简单。这种情况延续到中期，这时仅有极简单的彩陶，这种简单的彩绘及图案在老官台文化有较多的发现。不过在晚期的仰韶文化等遗址中，彩陶成为时尚，仰韶文化多是在红陶上施黑彩或褐彩，也有白衣彩陶，以小口尖底瓶、红顶钵、细颈平底瓶最为典型。马家窑文化则以各种罐类器物为最多，罐的上腹部饰以大型的旋涡纹以及动物图案，在大汶口文化中则以白陶的出现、酒器如鬶、斝等特殊器形最为典型。值得注意的是，在仰韶文化的部分遗址中，发现有红铜类的小型器物，如刀等。在郑州青台遗址中还发现有丝织品。在仰韶文化半坡遗址中发现有诸多的刻划符号，这些可能与原始文字有关。

4.三皇五帝的传说与活动遗存

"三皇五帝"是中华人文始祖的代表性人物，文献中有关三皇五帝所指有多种说法，但三皇为伏羲、女娲、神农，五帝则为黄帝、颛顼、帝喾、尧、舜的说法则较为流行。伏羲为三皇之首，他的贡献集中在结网罟，发展渔猎经济；画八卦，开创文化之源；制嫁娶，使原始乱婚向族外婚的转变。伏羲故里在甘肃天水，故都与终葬地在河南淮阳，相关传说与遗迹主要集中在黄河流域。女娲是我国远古传说时代母系族团的著名首领之一。史载她灭共工氏，除洪水、正四极，使地平天正，还说她发明笙簧，并和伏羲一起制定了嫁娶之礼，为人类历史的发展做出了重大贡献。民间至今还流传着女娲抟土造人、炼五彩石补天的美好传说。女娲和伏羲生活的时代很近，大都活动在黄河上游地区。今甘肃天水市凤凰山麓有元代建的"女娲庙"，秦安陇城镇有女娲庙，附近还有女娲村。在甘肃大地湾文化时期出土的彩陶瓶绘一人首蛇身的动物，汉代的石刻画像石中，常有人首蛇身的伏羲和女娲的画像。文献记载和考古挖掘说明，伏羲和女娲都是以"蛇"为图腾的原始氏族部落。炎帝神农氏以农业的发明而著称，其发祥地在姜水，而宝鸡则有炎帝出生的传说与遗迹，炎帝都城也在河南淮阳。炎帝陵在湖南则与炎帝族南迁有关。黄帝轩辕氏故里在河南新郑，发祥地有姬水说，这个地方则在今渭河的上游，至于兴起于河南新郑的说法，也可以从文献中找到较多的证据，但黄帝定都于新郑的观点，则为学术界公认。在河南、陕西、山东等地均有黄帝的传说与遗迹。黄帝以发展农业、发明舟车、发明冶金术、发明文字、发明城邑，而成为三皇五帝中最具影响的人文始祖。至于属于黄帝后裔的颛顼、帝喾，主要活动于黄河中下游，河南濮阳为颛顼之墟，其与帝喾的陵墓均在河南内黄县。他们在宗教改革、民事管理上有更多的贡献。帝尧陶唐氏则以制陶著称，以制定刑法而著名，在今河北、山东、山西、河南均有相关的传说与遗迹，尧都平阳在山西运城。帝舜有虞氏，主要活动地在今河北中南部、河南东北部和山东西部。舜更注重于在族内实行教化和刑罚以维护社会秩序，其势力范围较尧时更广阔。舜的中心地区在今河南濮阳。"三皇五帝"相关史实，学术界也与考古学文化作比对，并提出了相互对应的架构，但在目前仅处于探索阶段。

二、文明摇篮

1.龙山时代与文明之始

龙山时代以龙山文化为代表，龙山文化是一个十分广阔的概念，实际上已分解为山东龙山文化（典型龙山文化）、河南龙山文化、陕西龙山文化（客省庄二期文化）以及湖北龙山文化等，在黄河上游属于龙山时代者还有齐家文化。龙山时代约为距今5000多年至距今4600年，从工具形态而言属于铜石并用时代，即新石器时代向青铜器时代的过渡阶段。

龙山时代主要的文化特征与发明创造为：一是在各类遗址中发现了一定数量的小件青铜器，如在河南的汝州煤山遗址发现有冶炼用的坩埚残片，在登封王城岗遗址发现铜鬶，反映当时的铜器已涉足技术复杂的酒器；在山西襄汾陶寺墓地发现有红铜铃；山东胶县三里河遗址发现有黄铜钻，栖霞杨家圈遗址发现残铜渣。甘青地区的齐家文化遗址中，有红铜或青铜的斧、凿、镜、匕、刀、锥、钻、指环、铜泡等器物。二是在龙山时代晚期发现数量较多的龙山文化城址。如河南濮阳的高城、辉县孟庄、新密古城寨、登封王城岗、山西襄汾陶寺等城址，以及山东章丘城子崖、寿光边线王、邹平丁公、淄博田旺等地发现有 20 余处龙山城址，这些城址大多属于河滨高地，或为二河交汇处，城址大多为方形或长方形，有的还有内城与外城，城墙大多为夯土筑造，城内大多有宗庙或宫殿建筑。三是在龙山时代发现有更为进步的文字类符号。尤其是山东邹平丁公，发现的盆底残片上有 11 个竖向排列的刻符，分 5 行，首行为 3 字，余皆每行 2 字，这里发现的刻符，有的与甲骨文等早期文字极其相似。在山东、河南的其他同类遗址中也有相关的发现。四是龙山时代的社会生活特征。龙山文化的陶器以灰陶为主，也有黑陶，在山东等地发现有磨光黑陶，有的薄如蛋壳，称为"蛋壳陶"，器形有鼎、鬲、甗、豆、杯、碗、盆、盘等，这时已普遍使用轮制技术，因而器物制作的十分精美，器表素面外，常见有蓝纹、方格纹、绳纹等，这时器物中出现了大量酒器，反映了粮食生产有了剩余。这时的建筑多盛行地面建筑，居住面有坚硬的白灰面，还出现了高台式建筑。在河南汤阴白营、陕西临潼康家均发现有包括数十座甚至上百座房屋组成的大型聚落遗址。龙山时代还发现有卜骨，这些卜骨都由牛和鹿的肩胛骨做成，有灼痕和钻痕。山东、河南、陕西的同类遗址，均有类似的发现。在甘肃武威皇娘娘台遗址中，甚至发现有 40 余片卜骨。卜骨的出现，反映占卜之风的盛行，也

是宗教礼仪行动兴起的标志。龙山时代晚期，出现了少数的大型墓葬，在陶寺墓地中发现9座大墓，不仅墓穴宽大，有棺有椁，随葬品多达一二百件，随葬品中有龙盘和陶鼓这类显示身份的器物。在山东、陕西还发现有乱葬坑，反映了氏族制度的瓦解。龙山文化晚期，相当于文献记载的夏朝早期，也就是说，文明形成于龙山晚期。

2.二里头文化与夏代文明

二里头文化，是继河南龙山文化之后，在中原地区兴起的一种古代遗存。其从年代上讲为公元前1900~前1500年，从地域上讲其中心区域在河南省的伊水和洛水流域，从时代特征看已进入青铜器时代，因此学术界确定二里头文化是夏文化，但在夏

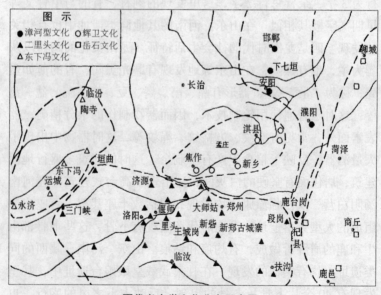

夏代考古学文化分布示意图

文化早期阶段的问题上，仍有龙山晚期为夏早期文化的强势观点。目前，在陕东、晋南及河南大部分地区发现的二里头文化遗址中，以河南偃师二里头遗址最为典型，该遗址发现有多处大型夯土台基，其中一号宫殿基址面积达 1 万平方米，经复原台基中部偏北为一座面阔八间、进深三间、四坡出檐的建筑，台基周边还有廊庑式围墙，正南为牌坊式大门。二里头遗址还发现有大、中、小型墓葬，大型墓随葬品丰厚，在发现的乱葬坑中，有的骨架残缺不全。二里头遗址发现有陶、石、骨、蚌等类器物，其中青铜器不仅数量增多，而且礼器类的各种器物，反映了铸造技术的提高。夏朝是中国第一个奴隶制王朝，夏朝的奠基者是大禹，文献中有所谓"禹都阳城"的记载，一般将禹都确定在河南登封的王城岗城址。而文献中将太康、仲康、羿、桀都均定在斟鄩，学术界倾向于二里头遗址为夏都斟鄩之所在。

3.考古发现与殷商文明

商王朝是继夏王朝之后，青铜文化鼎盛时期的奴隶制王朝。在夏朝末期桀王之时，国政荒虐有加，民不聊生，兴起于东北方的商部族首领成汤，带领各路诸侯灭夏后建立了商王朝。自公元前 1600 年建立商朝，至公元前 1046 年周灭商，商朝共历 32 个帝王，近 600 年历史。商朝不仅形成了较为完整的官僚制度，在商王的一统之下，有内服百官与外服诸侯两种管理体系，商王还统领一支较庞大的常备军队，其统领者称为"邦伯"、"师长"。商朝也有一套刑罚制度，以及"弟及为主，子继为辅"的王位继承制。

考古发现反映的商文明的繁荣与鼎盛。在郑州发现了有可能是成汤之都的商代城址，该城址不仅有内外城，其中仅内城

图示

▲ 商代城址
━·━·━ 商文化中心区
━━━ 商代前期文化分布区
━ ━ ━ 商代晚期文化分布区
──── 商文化影响区

商文化分布区与商文化影响区示意图

城垣周长近 7 公里，至今在地面还保留有高大的夯土城垣。城内东北部为宫殿区，内城及外城分布有制陶、制骨、制铜等手工业作坊。在西郭城还发现有与商王身份接近的以青铜方鼎为主的铜器窖藏，在郑州商代遗址中还出土有大量的青铜、玉石、陶瓷器，其中原始瓷器的发现，将中国瓷器的源头提早了很长时间。偃师尸乡沟商城、焦作府城商代城址等，也极大丰富了商代前期的文化内涵。在安阳殷墟，发现了自盘庚迁殷之后的商代晚期都邑的重要遗存，其总面积达 30 平方公里，其中宫殿宗庙遗址主要分布在洹河南岸的小屯村东北地，这里共发现各类建筑基址 50 余处；王陵区则分布在洹河以北的侯家庄与武官村一带，历年来发掘王陵级大墓 11 座，在墓周围有陪葬墓、殉葬坑，以及成排的祭祀坑。手工业作坊、平民住地与墓群则分布在宗庙宫殿壕沟之外的两三公里的范围之内。商代考古，最重要的发现是青铜器与甲骨文。青铜器分为鼎、鬲、甗、瓿、爵、角、觯、尊、觥、壶等礼器，铙、鼓等乐器，戈、矛、刀、斧、镞、钺、头盔等兵器，斧、锛、凿、锯、铲、锥、钻、鱼钩等工具，以及车马器、艺术装饰品等。商代青铜礼器，构思奇巧而富于变化，花纹也由简单而渐趋复杂，以怪异祥瑞的动物图案为主，形成了浓重的、威严神秘的风采，青铜器上也出现了铸造而成的铭文，商代晚期的青铜器铭文，甚至长达三四十字。安阳殷墟发现的通高 1.33 米、重达 875 公斤的司母戊大方鼎，器体宏大，格调庄重，是商代青铜器的代表性器物。商代考古的另一项重要成就就是甲骨文的发现。甲骨文，是由龟甲与动物如牛、羊、鹿的肩胛骨上面钻、凿并烧灼之后，而刻写上的象形文字。商人十分迷信，每事必卜，所以甲骨文所涉猎的内容可以包括商代社会的各个方面。自 1899 年首次发现这类甲骨刻辞，并于 1928 年对安阳进行首次科学发掘，至今已发现甲骨 15 万片，其中有字甲骨达 3 万余片。甲骨文所涉及的文字有 4500 个左右，其中被认读者达 2000 个，达到公认者 1000 个左右。甲骨文的字形结构，已具备了汉字"六书"中的基本要素，主要为象形、假借和形声三种。甲骨文主要发现在商代后期的安阳殷墟，其内容对研究商代后期的历史具有极为重要的作用。

三、王朝中心

1.早期王朝的中原古都群

夏、商时期，基本上形成了以奴隶制政权为特征的统一王朝，尽管这种王朝与封建中央集权制的王朝还有所不同，但毕竟是中国历史上的全新事物。夏、商王朝建都的特点，是多都城、常迁徙，甚至有的学者还认为当时实行了主辅都制。但就当时都城的分布情况来看，主要集中在黄河中下游交汇地带的丘陵与平原结合地区。

从文献记载看，禹都阳城在河南登封的王城岗，这里发现有龙山晚期的城址。夏禹的儿子启，正式建立夏王朝，启都钧台，而钧台之地在今河南禹州，但因考古发现，又有说在河南新密的新寨遗址。帝宁居原，原之地在今河南济源。帝太康、桀都斟鄩，其地为今河南偃师的二里头遗址。实际上，上述地点，除原都在今黄河北岸外，其余皆在今黄河南岸，反映在当时嵩山周围是夏的中心区。夏都还有平阳、安邑之说，这两个地点均在今山西南部，这里也是传说中的夏墟之所在，因而也

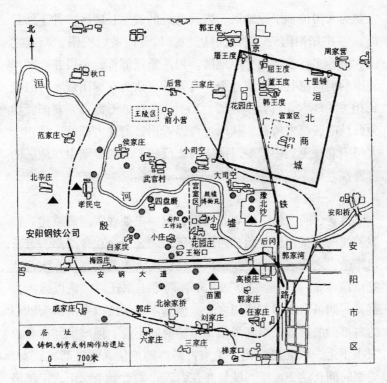

河南安阳洹北商城与殷墟保护区遗址分布示意图

是夏朝的另一个中心区域。

　　从文献记载可知，商都也不止一处。在商朝建立之前有所谓八迁，而在商朝前期又有五迁其都。自汤建立商朝时，成汤所居有诸多说法，汤都亳，有西亳（今河南偃师）、南亳（今河南商丘）、郑亳（今河南郑州）、杜亳（今陕西西安）、北亳（今河南内黄）等，关于诸亳之间的关系，至今仍处在学术讨论之中，但从其所在的位置看，基本处于黄河中下游交界处，主要为大河冲积平原地区，以及附近的黄土丘陵区。仲丁所迁都，亦在郑州附近。河亶甲居相，虽有内黄、安阳、相县之说，但亦多在滨河的平原地区。祖乙所迁邢都，一说在今黄河北岸的河南温县。南庚迁奄，有人甚至认为在河南新乡可以找到相关的线索。自盘庚迁殷之后，273 年更不徙都，安阳殷墟为公认的殷都之所在。从以上可以看出，商代古都群，分布于大河南北，更集中于今河南境内，反映了王朝早期中原地区的重要性。

2.统一时期的王朝古都轴线

自夏、商之后，从周朝开始，统一王朝在黄河流域建立都城轴线的尝试便已开始。西周初年，周公受命在今洛阳一带营建雒邑，之后不久便正式定都在自己的大本营镐京（今陕西西安市西南），并在此建都 268 年。周平王东迁后，则以雒邑为都，其间虽有王城与成周之分，但基本显示出以今洛阳为轴心的古都群的形成。秦都咸阳，虽然时间不长，但城址亦在今西安市不远，因此也强化了关中古都群的地位。西汉都城长安，建都时间长达 208 年，城址亦在西安市附近。东汉正式定都洛阳，时间共 167 年。西晋时以洛阳为都时间 47 年，以长安为都 7 年。隋朝以长安为都，共 24 年；以洛阳为都 15 年。唐代以长安为都 266 年；以洛阳为都 26 年。北宋都城为开封，为都时间达 168 年。金朝也是以开封为都，但其统治范围主要局限于北方。

从西周至宋金时期，统一王朝形成了以黄河流域为中心的轴线。这个轴线是从西向东逐渐发展，即从西安、洛阳，东移至开封；这个轴线也是以洛阳为轴心，在每一个统一王朝建立

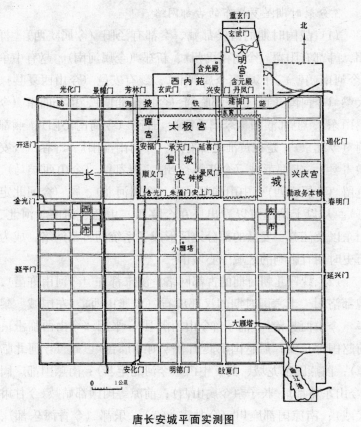

唐长安城平面实测图

之初，如西周、西汉、唐，都试图以洛阳为都，但最终还是选择了西安（长安），不过当西安为都时，洛阳总是以东都的身份出现，洛阳的地位不容忽视，而当洛阳为都时，则西安似乎什么都不是了。当古都的轴心移到开封时，洛阳还保留有西京的身份，西安则更已失去了应有的战略地位。

3.分裂时期星罗棋布的古都网络

（1）战国时期的诸侯都城。秦都有泾阳（今属陕西）、栎阳，韩都有阳翟（今河南禹州）、新郑（今属河南），赵有中牟（今河南鹤壁）、邯郸（今属河北），魏有安邑（今山西夏县）、大梁（今河南开封），齐都临淄（今山东淄博），鲁都曲阜（今属山东），卫都濮阳（今属河南）、野王（今河南沁阳），燕都蓟（今北京）。楚在黄淮之都有陈（今河南淮阳）、寿春（今安徽寿县）。宋都彭城（今江苏徐州），晋都绛（今山西侯马）、屯留（今属山西），中山国都灵寿（今属河北）、顾（今河北定县）。从以上情况可以看出，在今陕西、山西、河南、河北、山东以及江苏、安徽的部分地区形成了系统的古都网络，成为历史时期有影响的区域中心城市。

（2）魏晋北朝时期的古都网络。汉末都许（今河南许昌），魏都洛阳。十六国时期的汉都离石（今属山西）、左国城、黎亭（今山西长治）、蒲子（今山西隰县）、平阳（今山西临汾）；前赵国都长安；后赵国都襄国（今河北邢台）、邺（今河北临漳）；前燕国都龙城、蓟、中山（今河北定县）；南燕国都广固（今山东益都）、长子（今属山西）；前凉等国国都姑臧（今甘肃武威）；南凉国都廉川（今甘肃永登）、乐都（今青海乐都）、西平（今青海西宁）；北凉国都张掖（今属甘肃）；西凉国都敦煌（今属甘肃）、酒泉（今属甘肃）；前秦国都晋阳（今山西太原）、雍（今陕西凤翔）、湟中（今青海湟源）；西秦国都勇士（今甘肃榆中）、金城（今甘肃兰州）、度坚山（今甘肃靖远）、谭坚（今甘肃临夏）；夏都上邽（今甘肃天水）、统万（今陕西靖边）、平凉（今属甘肃）；北魏都盛乐（今内蒙古境内）、平城（今山西大同）、洛阳、长安、邺。十六国与北朝时期，都城的范围除在黄河中下游外，在今黄河上游的青海、甘肃等地有较广泛的分布。

（3）五代十国时期的都城网络。除洛阳、开封外，后晋国都太原、凤翔（今属陕西），燕国国都蓟，沙州都敦煌。这时的古都在南方有较多分布，中原古都仍成为黄河流域古都的核心。总之，分裂时期的王都星罗棋布，遍布黄河上、中、下各个流域区段，也是黄河区域作为古代中心地区的具体体现。

四、民族熔炉

1.上古部族间的融合与华夏族的形成

中华民族的形成，是长期以来部族间融合交流的结果。中华民族的熔炉在黄河流域，核心在中原。早在上古时期，各个部族集团便开始了由边远地区向中原迁徙与融合的过程，传说中的"三皇五帝"，如伏羲、炎帝、黄帝，他们的最早活动地都在黄河中游的泾渭河流域，他们由西向东迁徙，伏羲、炎帝以陈（今河南淮阳）为都，黄帝则以"轩辕丘"（今河南新郑）为都。其中炎帝部族自西向东发展，并与东夷、九黎等族混杂相处，并与烈山氏、共工氏、四岳、金天氏部落形成联合共同体。较炎帝入主中原稍晚，黄帝部族也实现了由泾渭河流域向中原的挺进过程，在联合十二个胞族部落的基础上，形成实力强悍的黄帝部族，在中原地区形成的炎黄结盟标志着华夏集团的正式形成，也拉开了华夏集团与东夷集团、苗蛮集团的相争、相处和同化的融合过程。在上古传说中，这种融合印象最深的便是战争，黄帝和炎帝在融合过程中，也曾发生了"阪泉之战"；黄帝与东夷集团的蚩尤发生了"逐鹿之战"，蚩尤战败后南迁，黄帝取得了对中原的主导群，华夏与东夷集团在碰撞中交汇融合。尧、舜、禹时期，均发生了持续的对"三苗"的战争，"昔尧以天下让舜，三苗之君非之"，不仅反映作为"苗蛮"集团的三苗与华夏集团的尧、舜有着特殊的关系，也由此成为华夏集团南扩的理由，战争的结果是"三苗"之君被杀，苗蛮集团南迁，而相当一部分融进了华夏集团。夏朝是建立在大禹领导各部族成功治水的基础之上，也是各部族在武力争斗、和平相处等共同的融合之后的新的政权形式，也标志着汉族前身华夏族的初步形成。

2.商周时期的部族融合、汉朝的建立与汉族的形成

夏商周时期是中华民族融合的重要时期，三族来源不同，其中商来源于东方，属于东夷集团，周来源于西戎的羌人，他们先后入主中原，并以黄帝之后而自居。商朝建立后，在商的周边分布有不少的少数民族方国，如西北有土方、鬼方，西方有西戎、氐羌、昆夷等，南方有荆楚，西南方有庸、蜀、羌、微、卢、彭、濮等，东方则为诸夷。商王朝，在政治上对这些少数民族方国有所控制，更多的则是采取军事上的行动，尤其在商朝末年，商与夷方的战争持续不断，规模更大，并因此留下了商朝灭亡的隐患。周朝建立后，不仅以华夏族正统自居，利用分封制加强对少数民族的控制，更加明确了周边少数民族的板块划分，由分布地域、经济生活、习俗语言而明确了东夷、南蛮、西戎、北狄四个民族集团。周王朝加强了与他们的经济文化的和平交流，同时也辅之以军事手段，如周穆王时以

对徐偃王为代表的九夷集团的征伐，周昭王对南方荆楚诸国的战争，有的还付出了较大的代价。周王朝加大对夏商二族的融合，在对殷商遗民，采取笼络、以殷制殷、监视与镇压、强制迁徙等措施，在政治上"因于殷礼"，至西周中期基本融合。周人崇夏，并以夏人之后居之，因此夏、商、周，不仅交叉居住使民族差异性逐步减少，在民族观念上也渐趋一致，到春秋时已形成了稳定的华夏民族。

东周时期，各个少数民族内徙并与华夏诸国杂居，如陆浑之戎与阳戎迁居中原，甚至在周王所居住的成周洛邑周围，也布满了戎狄小国。齐国则以"尊王攘夷"之名，先后兼并了数十个小国。蛮夷戎狄长期与华夏族杂居，有的还与诸侯王室通婚，在文化与习俗上与中原华夏族渐趋一致，尤其在"大一统"思想的影响下，形成了共同的思想理念。

秦汉中央集权制封建王朝的建立，尤其是中央王朝版图的进一步扩大，为各族经济文化交流创造了条件。汉朝对匈奴，不仅采取了大规模的军事行动，同时也采取了内迁与和亲政策，加速了周边民族的中原化进程。在共同的语言、共同的地域、共同的经济生活与共同的文化心理素质的基础上，形成了统一的汉民族。

3.魏晋南北朝时期的民族融合与隋唐汉民族的强化

这个时期是中原历经磨难，社会大动荡、族群大迁徙、民族大融合的重要时期。西晋末年的"五胡乱华"，北方与西方的氐、羌、匈奴、乌桓、鲜卑等族在中原及北方地区建立了十余个政权。迫使中原士民大量南迁，并加速了中原文化对苗蛮文化的影响与渗透。这个时期的族群迁徙，在中国历史上是绝无仅有的，其原因如下：一是各个政权长年的征战，并以掠夺人口为战争的重要目的。匈奴汉国刘聪放弃长安时，将关中男女 8 万人驱掠回平阳。二是长期战乱，迫使中原士民大批逃亡。三是北方各地人口中民族的成分更加复杂，他们在长期错居杂处的过程中，相互接纳，渐趋融合。四是北魏政权颁布国家法令，强制迁徙与汉化，从而加速了民族间的融合。五是在中原及北方地区建立了少数民族政权，他们重用汉族世家，崇尚儒学，劝课农桑，在文化上逐渐缩小了各个民族间的距离。尤其是长期的杂居与通婚，使他们相互间在血统上已无法区隔，从而使民族的融合达到了新的高峰。

隋唐时期是中国封建社会的鼎盛时期。隋文帝统一中国后，以华夏正统自居，并能实行较为开明的民族政策。唐太宗提出了"华夷一体"的思想。在制度上，采取了华戎兼采，典章制度是北朝的均田制、府兵制、都府制、宗教管理制，均具有更为开放的特点。在用人上，无论汉夷，甚至外国在中国的留学人员，也都一视同仁。在经济上，加强与周边各族的互补与联系；利用"丝绸之路"进一步扩大与中亚及西方的联系，中西文化互相渗透。胡服、胡食可以盛行于中原；南北文风相互交融，使中国的的诗歌文学达到顶峰。高丽、南诏的乐舞，波斯的马球，龟兹的狮子舞，西域的泼寒胡戏等在中原得到认同，三教合一，杂居通婚，使中华民族的融合提高到更高的层次。

4.宋辽金元时期与民族间新的融合

这一时期是中华民族融合的又一重要时期。在此之前的五代，其中的后唐、后晋、后汉三期，均是沙陀族在中原建立的王朝，沙陀族是与西域相关的来自于西突厥的别部。而十国中的北汉，其创建者刘崇，也是沙陀族人。与此同时，回鹘、吐浑、奚、党项、羌等少数民族也都迁住中原。他们与汉族通婚，在文化上与汉族逐渐趋同，甚至使用汉姓。由于这些政权更多地实行了汉族的选官制度，尤其是正式场合下汉语、汉字的使用，加速了民族间融合的过程。北宋王朝建立后，长期的宋辽对峙使以契丹族为主体的辽王朝步入了汉化的过程，除了大规模战争这种强制性沟通手段外，宋辽的经济交流不断，契丹向中原传入了西瓜，中原则向契丹输入茶叶、粮食，并将南海蕃船舶来的犀牛、象牙输入北方。辽朝君臣接受中原文化，能诗善词者不乏其人，服饰、礼俗、观念、科举、医药等都以中原为本。从墓志中也可以看出，契丹人与汉族通婚，有的还互姓对方姓氏，甚至在两族杂居的地区，汉人生子也多起契丹名字。乳酪、酒果、冻果等契丹人食品，不但在中原流行，有的甚至成为东京的风味招牌。

金朝仍以开封为都。金朝上层的主体为女真人，他们在入主中原之初，强行索要嫔妃乐女，对中原实施劫掠，并实行有目的的移民。金朝政权稳定后，受中原文化的影响以及与南宋政权的长期交流中，不但学汉语，使用汉字，穿汉服，习汉俗，并以科举取士，尽管女真语与服饰亦为汉人习效，但总体来看，汉化已成为趋势。元朝定都大都（今北京），总的来说，在北京地区以及中原，也经历了以蒙古族及诸少数民族与汉族的融合过程。蒙古人入主中原后对汉文化由排斥到吸收，在实行严格的族群等级制的同时，又不得不以儒学与儒士作为治国之道与治国之士。元朝统治时，大批少数民族进入内地与汉人杂处，他们之间互改姓氏者已较为常见。此外，在服饰、饮食、娱乐等方面蒙汉双方互相仿效，元朝统治者还鼓励蒙汉互相学习对方的语言文字，蒙古人也逐渐接受了汉族的伦理观念和岁时节令。长期的杂居，各族之间的通婚也就成为常事，民族间的融合在不自觉的过程中悄悄进行着。

自元开始，政治中心转移到北京，及至明清时期，以此为中心的民族融合仍在进行中，只不过是在元代以前以中原为代表的黄河流域作为民族熔炉的作用最为明显。

五、文化灿烂

1.黄河流域的思想学术

西周时期，是以"周礼"为核心价值观的思想一统时代。到了东周，随着诸侯及大夫地位的提升，涌现了一批聚徒讲学、著书立说的思想活跃者，并由此形成了"百家争鸣"的局面。儒家的创始人孔子（公元前551~前479年），鲁国人，他一生授徒讲学，周游列国，传播他的以"仁"为核心的思想体系，代表孔子思想的是其弟子辑录的《论语》。他崇尚"礼乐"、"仁义"，倡导"忠恕"、"中庸"，主张"德治"、"仁政"，在各个方面对中国文化产生较大影响。孟子（公元前372~前289年），邹（今山东邹县）人，他发挥孔子的"仁"的思想，提出"民为贵"、"君为轻"的民本主义思想，并以"性善"论而著称。荀子（公元前313~前238年），先后在齐、秦、楚居住。他提出"人定胜天"的思想，以"性恶论"为代表，他的"水则载舟，水则覆舟"的名言对后世也有较大影响。道家则以老庄为代表。老子（公元前580~前500年），楚国苦邑（今河南鹿邑）人，曾在周王室任"柱下史"，掌管典籍图书，其代表作为《道德经》。老子的最高境界为"道"，提倡"道法自然"。他的"祸兮福之所倚，福兮祸之所伏"是朴素辩证法思想的具体体现；他的理想境界为"小国寡民"世界。庄子（公元前 369~前 286 年），宋国人，他的"道"，"无为无行"，能"生天生地"，生万物；他的美学境界较为高尚。墨家的代表人物为墨子（公元前 468~前 376 年），他主张"兼相爱、交相利"，倡导"节葬"、"尚贤"，并将义与利合而为一。法家思想可追溯到管仲、子产。实际创始人为李悝、商鞅、申不害等。韩非子则集各方之大成，形成系统的法家思想体系。法家或主张法礼兼重，先德后刑，固道生法；或主张严刑峻法，富国强兵，力并天下，但其核心是以法治国。此外，这个时期还有以孙武、孙膑、尉缭为代表的兵家思想；以邹衍、邹爽为代表的阴阳家；以苏秦、张仪为代表的纵横家；以吕不韦为代表的杂家。

　　秦始皇统一中国之后，为适应中央集权封建王朝的统治需要，在法家思想的基础上，有意识地吸收各家的思想理论，并以"焚书坑儒"的方式实行思想专制。汉朝建立之初，以清静无为的"黄老之学"为主要统治思想，它以道家思想为中心，吸收儒、法、名、阴阳、墨家等思想而形成的新道家体系，为当时的社会经济发展提供了宽松的环境。西汉中期淮南王刘安组织编写的《淮南子》，则正是这种思想的总结和代表。到汉武帝时期，随着中央集权王朝统治的加强，以董仲舒为代表、以"天人感应"为特点的新儒家思想发展成为独具尊位的哲学思想。董仲舒（公元前 179~前 104 年），广川（今河北枣强）

人，他认为物质的"天"，不仅可以主宰上苍，也可以主宰君王与万物。他通过"人副天数"等理论说明君权神授，并以此提出"天人感应"说。他最大的说教为儒学神学化，从而适应了当时加强中央集权制统治的需要。与"天人感应"之学相呼应的谶纬符命之学随之而起，引发了一批无神论者的反击，其中代表人物当推王充。王充（公元27~100年），会稽上虞（今属浙江）人，他在《论衡》中针对神话了的"天"，认为"天"无任何意志，是自然物体，提出以"气"代替天。针对神仙方术、吉凶等，他针对性地提出对策，并提出"汉高于周"的历史进步观，反对"今不如昔"。

自东汉开始，佛教传入中国，魏晋南北朝时，佛教广泛流行。南朝范缜（公元450~510年），以《神灭论》公开反对神之不灭。他针对佛教形神相离，而提出"形神相即"、"形质神用"，他还对世界的物质性、多样性、变化性，提出万物的差异性。在魏晋之时，何晏、王弼等人则用道家思想，解释《周易》，抛开两汉正统思想重新解释天道自然之说，构成了所谓"贵无"、"独化"的思想体系，形成所谓"清淡"和玄学。与此同时，也出现了以嵇康、阮籍等"竹林七贤"为代表的反玄学思潮。当时正是曹魏政权当政时期，嵇康与不满司马氏集团的阮籍、山涛、刘伶、郭象、阮咸、王戎常为"竹林之游"，议论时政，人称"竹林七贤"。他们标榜老庄思想，论证的则是"名教"与"自然"的对立，在行动上崇尚自然，以放荡不羁、与众不同为特点，形成了另类的生活常态。

自魏晋南北朝至隋唐，佛教广泛传播，形成了极度膨胀的寺院经济，也危害到世俗地主的利益。唐代的韩愈、柳宗元、刘禹锡也成为反佛斗争的代表性人物。柳宗元（公元733~819年），河东（今山西永济）人，他认为元气为宇宙的本质，指出宇宙在时间上和空间上都是无限的，他还对元气自身的运动规律作了探讨，由元气的"自斗"、"自动"，揭示了物质运动的根源在于内部的矛盾性这一原理。韩愈（公元768~824年），河南河阳(今河南孟州）人，他强调要尊儒排佛，并以圣人以"仁"、"义"为核心的道统为最高准则。刘禹锡（公元772~842年），洛阳人，他在《天论》中精辟地阐述了世界物质统一性的原理，他的"天与人交相胜"观点及相关学说，将古代唯物主义哲学发展到一个新的阶段。

北宋前期经学发展的主流是对唐代经学传统的恢复，北宋中期开始形成具有创新思想的学术思潮，在北宋出现了以晋川平阳（今山西临汾）孙复为代表的"泰山学派"，以郓州（今山东东平）人士建中、彭城（今江苏徐州）人刘颜为代表的"士刘学派"。但在北宋最有影响则是"程朱理学"，其主要代表流派有邵雍及其"百源学派"。邵雍（公元1011~1077年），长期在共城（今河南辉县）与洛阳生活，其代表作有《皇极经世书》、《渔

韩愈

樵问对》以及《伊川击壤集》。他把"象数"作为万物的最高法则，并以此建立了独特的先天象数之学，推演了宇宙社会的演变规律。由此也成为明清以来象数之学的开山鼻祖。张载与"关学"也是理学的重要流派。张载（公元1020~1078年），凤翔郿县（今陕西眉县）人，其代表作为《正蒙》、《横渠易说》、《西铭》与《东铭》等。在哲学上提出了"太虚即气"的自然观，并依此提出了"一物两体"的朴素辩证思想。在伦理上提出人人都应相亲相爱的泛爱思想。张载与他的关中弟子形成的"关学"，是宋明理学发展链条中的重要环节。"二程"即程颢、程颐二兄弟。程颢（公元1032~1085年），被称为"明道先生"，程颐（公元1033~1107年），被称为"伊川先生"，他们都生在洛阳，在洛阳聚徒讲学，故二程及其弟子的学术被称为"洛学"。他们的著作有《遗书》、《外书》、《文集》、《易传》、《粹言》、《经说》等，被后人合辑为《二程全书》。他们提出"天者理也"的最高命题，把"天理"作为宇宙本体和理学体系中的最高范畴，主张性善论，把人性论提到本体论的高度，由人性论引申至理欲观，并将"存天理，灭人欲"作为道德修养的最高境界，并以"克己复礼"、"格物致知"作为二程理学思想体系的重要组成部分。南宋朱熹直接继承了伊洛之学，并发展成完整的理学体系，形成对中国封建社会后期占据统治地位的"程朱学派"。

2.黄河流域的文史著述

（1）黄河流域的史学。在中国古代文化史上，文学与史学并无截然的界限，很多史学著作本身也是很好的文学作品，这种情况在早期最为明显。先秦时期的《山海经》、《左传》、

《国语》、《吕氏春秋》、《诗经》等既是很好的历史文献，也是一些很好的文学作品的汇集。《山海经》保留有最为丰富的中国古代神话，如后羿射日、嫦娥奔月、夸父逐日、精卫填海等，这些经典传说最接近古代神话的原貌。《诗经》是我国现存的第一部诗歌总集，基本上是乐歌。目前保留的305篇中，可确证来自中原地区者90余篇。"风"采集于各国各地，多为民间抒情诗，内容十分鲜活。"雅"多是周族史诗、政治讽刺诗和宴会酬答诗；其中，"大雅"分章押韵，用于宗庙祭祀；"小雅"多为幽默诗与酬答诗。"颂"多为夸耀祖先功德、炫耀当代国王业绩的颂诗，多为实用的舞诗。《诗经》有很多都已成为千古名篇，其首创"赋、比、兴"的诗歌模式，为中国诗歌的发展奠定了重要的基础。诸子的著作，既是哲学经典，也是历史与文学名著。诸子散文均为论说文，如学术性的论述文，有《庄子·天下》等；解说性的说理文，有《韩非子·解老》等；驳论性质的论说文，有《孟子·滕文公下》等；谏议上书性质的论说文，有《韩非子·存难》等；故事形式的说理文，有《墨子·公输》等；杂文性质的论说文，有《庄子·马蹄》等。历史散文多为记述文，如《春秋》、《左传》、《国语》、《战国策》、《晏子春秋》等史籍。尤以《左传》最为典型，其以叙事简练曲折，人物描写生动，文采绚丽斑斓，是历史真实性、思想倾向鲜明性与语言形象性的最佳结合。

秦汉至隋唐时期，是黄河流域文史著述发展的高峰。汉代是中国史学发展的里程碑，其标志是《史记》与《汉书》的问世。《史记》的作者司马迁（公元前145~前90年），左冯翊夏阳（今陕西韩城）人，他不仅游历大好河山，而且在任太史

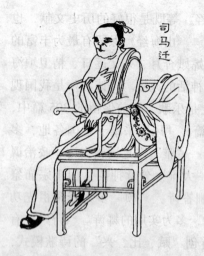

司马迁

公期间，掌管皇家图书典籍，发愤著述，完成了中国第一部纪传体史书《太史公记》，简称《史记》。全书由本纪、表、书、世家、列传五个部分组成，记述上至黄帝、下至汉武帝时期的各个方面的历史，是首部通史性纪传体史书。《史记》中的列传，文笔清新，也是很好的散文，在文学史上也占有一席之地。

《汉书》的作者班固（公元32~92年），扶风安陵（今陕西咸阳）人，为东汉时的文史世家，曾任兰台令史，所著《汉书》，主要以本纪、表、志、列传的形式记载西汉历史，是我国首部断代史性质的纪传体史书。魏晋南北朝的史学代表作为陈寿的《三国志》与范晔的《后汉书》。这一时期，还出现了北齐魏收的《魏书》、晋朝袁宏的《后汉记》、北魏崔鸿的《十六国春秋》以及各种志书。隋唐时期正式确立了官修史书的制度，房玄龄监修的《晋书》、姚思廉修撰的《梁书》、《陈书》，李百药修撰的《北齐书》、令狐德修撰的《周书》、魏征监修的《隋书》，以及李延寿等人修撰的《南史》、《北史》等相继问世，这些书均列入二十四史。刘知几撰写的史论专著《史通》，是我国第一部系统的史学理论著作，这部书分内篇与外篇，对唐代以前的史学专著进行专门的评论探讨，并提出了史家必须具备史才、史学、史识这三方面的条件，自此以后秉笔直书便成为史家的作史原则。杜佑的《通典》，共有 200 卷，主要从九个方面记载疏理了自黄帝至唐肃宗时期典章制度沿革史，为我国典制体史书即"政书"的发凡起例者，开创了史书编纂的新途径。北宋时期，史学空前繁荣。司马光（公元 1019~1086 年）主编的《资治通鉴》，共 294 卷，编就了我国历史上最具分量、贯通古今、详古略今的编年史书。李焘（公元 1115~1184 年）则又续编 980 卷，完成了《续资治通鉴长编》。郑樵（公元 1104~1162 年）则完成了长达 200 卷的编纂性的史学著作《通志》。北宋时期类书编撰，有汇集野史、杂记的我国第一部小说集，长达 500 卷的《太平广记》。有无所不包的大型类书，长达 1000 卷的《太平御览》。有汇总汉以来史料，长达 1000卷的《册府元龟》。此外，徐梦莘的《三朝北盟汇编》、李心传的《建炎以来朝野杂记》、乐史的《太平寰宇记》、王存的《元丰九城志》、王应麟的《玉海》，以及欧阳修的《集古录》、吕大临的《考古图》、赵明诚的《金石录》、洪遵的《泉志》等各类史学著作的问世，将中国史学的发展推到了一个新的层面。

（2）黄河流域的文学。在先秦诸子散文与《诗经》的基础上，汉代乐府诗成为中国文学发展的又一高潮。目前见到的乐府诗有 40 余首，其中《平陵东》、《妇病行》、《战城南》、《陌上桑》等反映了当时社会生活的状况。汉代乐府诗，早期句式不拘字数，较为自由，后期则由长短不齐的杂言向五言过渡，整体以叙述为主，尤以《孔雀东南飞》为最高层次的代表。到东汉末年的建安年间（公元 196~220 年），形成了以现实主义为基调，并洋溢着苍凉悲壮、慷慨进取的浪漫主义色彩的文学风尚，被后人誉为"建安风骨"。其代表人物为曹操、曹丕和曹植，还有号称"建安七子"的孔融、王粲、刘桢、阮瑀、徐幹、陈琳、应玚及女诗人蔡琰。建安诗有以曹操的《嵩里行》、蔡琰的《悲愤诗》等为代表反映社会惨象的诗，以曹操的《龟虽寿》、《短歌行》，曹植的《白马篇》等为代表展现作者理想壮志的诗。"建安风骨"作为一种文学传统对后代影响深远。西晋时最有代表的诗人为左思与刘琨，以左思的《咏史》、刘琨的《扶风歌》为代表。北朝则以民歌为主，尤以抒情民歌《敕勒川》与长篇叙事诗《木兰诗》为代表。与中原诗文的粗犷相比，由中原南迁生活在东晋及南朝的诗人，以陶渊明的《桃花源》为代表，开创了田园诗的先河。以谢灵运、谢朓为代表，致力于山水诗的创作外，在当时更多地流行宫体诗。到了唐代，初唐诗歌还沿袭颓废绮丽、讲究形式的宫廷文风，王勃、杨炯、卢照邻、骆宾王，以及陈子昂倡导清新刚健的诗风，具有较强艺术感染力的《登幽州台歌》正是这方面的代表。盛唐诗坛呈现万紫千红、百花怒放的繁荣局面。以孟浩然、王维为代表的田园山水诗，以鲍照、庾信为代表的边塞诗，尤其是具有浪漫主义色彩的"诗仙"李白，其诗文以想象奇伟、感情奔腾跳跃、笔势变幻莫测为气势，以《古风》、《塞下曲》、《战城南》、《行路难》等为代表。另一位则是具有现实主义色彩的"诗圣"杜甫，以社会疾苦为对象，风格多样，而以"沉郁顿挫"、"博大深厚"为突出特征，语言高度凝炼、精工严密而又浑然天成，其代表作如"三吏"、"三别"、《兵车行》、《丽人行》、《春望》等，反映社会现实，有"史诗"之美誉。与杜甫齐名，并以现实主义著称的白居易，以组诗《秦中吟》（10首）、《新乐府》（50首）、《卖炭翁》等为代表，语言通俗明白、平易近人，其感伤诗中的《长恨歌》与《琵琶行》也成为脍炙人口的千古诗篇。中晚唐的著名诗人，有以韩愈、孟郊、贾岛为代表的苦咏派诗人，讲究字字推敲，遣词用典力求奇崛险怪。李贺之诗，以奇峭凄迷而闻名。杜牧之诗，以抒情写景的七言绝句为代表。李商隐的爱情诗，写得意境飘忽、思绪绵绵，不乏动人之作。

杜甫

自秦汉至隋唐时期，辞赋与骈文创作也有一定的成就。汉赋以贾谊的《吊屈原赋》、张衡的《两京赋》为代表。魏晋时期则以曹植的《洛神赋》、王粲的《登楼赋》等为代表。于辞赋稍后兴起的被视为有韵散文的骈文，魏晋以嵇康的《与山巨源绝交书》、庾信的《哀江南赋》为代表。而以抒情为主的散文，有曹丕的《与吴质书》，以及郦道元的《水经注》、杨衒之《洛阳伽蓝记》中的一些篇章最具代表性。唐代前期，骈体散文仍然盛行，韩愈、柳宗元倡导古文运动，该运动不但不拘古而且有所创新，韩愈的《师说》、《原毁》、《送李愿归盘谷序》、《张中丞传后叙》，柳宗元的《三戒》、《永州八记》、《段太尉逸事》、《捕蛇者说》等均为唐代散文名篇。韩、柳二人也因此而名列著名的"唐宋八大家"之列。

宋金时期，主要的文学成就表现在宋词、散文以及由小说、故事演变的戏剧艺术中。宋词是在唐诗的基础上发展而来的，至今保留有作品 2 万余首，名词家达千人之多。宋代新创词牌达 870 余种。词又称为曲子词，句子长短不齐，符合按曲演唱的需要。杨亿，曾任北宋初期的翰林院学士，他将君臣唱和的词曲汇集成《西昆酬唱集》，均为反映宫廷生活的靡丽之词。欧阳修、王安石、曾巩、苏轼、苏辙、梅尧臣等人积极倡导诗文改革，使宋词创作达到了高峰。其中，欧阳修为北宋中叶文坛领袖，在散文、诗歌等方面均有较高建树，其《六一诗话》开创了论诗的新形式。苏轼，集词、散文、书法艺术成就于一身，其作品意境清新高远、风格豪迈奔放，为北宋中期豪放词派的鼻祖。辛弃疾，存留至今的诗词有 600 余首，作品豪放，充满了悲歌慷慨的爱国激情。李清照，则为宋金之际的著名女词人，词意婉约，情绪低沉，为婉约词派中的代表人物。宋代散文，与韩、柳齐名的文学大家有欧阳修、苏轼、苏洵、苏辙、曾巩、王安石等。欧阳修的散文，无论叙事、议论还是抒情，技巧都很高，尤以《朋党论》、《醉翁亭记》为代表。王安石为古文运动的干将，其作品《读孟尝君传》不足百字，但抑扬吞吐，显示了较强的文学才能。苏轼为当时的文学全才，散文各体无所不精，他的《赤壁赋》为古代散体赋的优秀代表作。他与父亲苏洵、弟弟苏辙并称为"三苏"，均为当时文学的领军人物。北宋时期出现了话本，这也是白话小说的前身。魏晋时干宝的《搜神记》是志怪小说的代表。南朝时的《世说新语》，则是志人小说集大成之作。唐代的《古镜记》、《柳毅传》、《红线传》等构成了唐代传奇发展的标志，也是小说成为正式独立文学形式的标志。宋代的话本，则是当时市民文化繁荣的标志，流传至今的《大唐三藏取经诗话》、《大宋宣和遗事》、《京本通俗小说》等均为代表性作品。与此同时兴起的宋元杂剧，是中国最早的戏曲形式，它由唐代参军戏演变而来，戏剧结构比较简单，以说唱为主，由北宋杂剧经历过金代院本杂剧的发展阶段，到元代则形成了发展的高峰，元代杂剧有姓名可考的作家达180人左右，相关作品达740余种，保存至今者达160余种，关汉卿的《窦娥冤》、王实甫的《西厢记》、马致远的《汉宫秋》等最具代表性。

3.黄河流域的科学技术

（1）先秦时期科学技术已有所发展。这些情况在早期文献中均有所反映，《诗经》中记载的植物达100余种，并将草本与木本植物进行了明确的分类。记载的动物也达100余种，并有明显的分科与分类，动物的习性也有记载。《诗经》中也有较多的天文学知识，不但记载了恒星与星系，并有较多的节令知识。此外，地理、化学方面的内容在其中亦有反映。西周时期的天文学已形成了初步的体系，其代表是石申的《天文》与甘德的《天文星占》，也是闻名历史的甘石星经，反映了当时对五大行星的观察并已初步掌握了其运行规律。从考古发现看，以二十八宿为代表的中国古代独特的星空分区法已基本创立。数学也有了发展，不但出现了专门反映数学成就的代表作《周髀算经》，也发明了珠算的前身"筹算"。《考工记》中的分数、角度及容积的计算知识已十分发达。物理学在《墨子》一书中有所反映，其叙述了影的定义与生成，光的直线传播性与针孔成像，还讨论了平面镜、凹球面镜和凸球面镜中物与像的关系。地理学的发展则以《禹贡》为代表，该书尽管文字简略，但采用了区域研究的方法，以山脉与河流等地理实体为标志，将全国划分为九州，对九州的自然与人文地理进行简述。《山海经》则以山、海为纲，其中《山经》为中国第一部山岳地理专著。此外，《夏小正》则是现存最早的物候篇，或为现存最早的物候历。《管子·地员》则是最早的农学著作，亦包含有较为丰富的综合自然地理、植物地理与土壤地理的内容。至于考古发现的"兆域图"，则是迄今发现的年代最早的古地图。两周时的医学也较为发达，出现了名医如秦国的医和与齐国的扁鹊。其中扁鹊医术全面，他运用当时已较为普及的砭石、针灸、按摩、汤液、熨贴、手术、吹耳、导引等方法，结合具体病例进行综合治疗，收效显著。《黄帝内经》则成书于战国时代，全书分为《素问》和《灵枢》两部分，共162篇，全面总结了先秦时期的医学成就，初步奠定了传统医学的基础。在技术发明与创造方面，《考工记》全面记载了当时的成就，如其所载各类青铜器中铜、锡合金的比例，合乎科学原理，也为考古发现所证实。该书也记载了建筑规划制度，从考古发现看，西周时已有各类瓦件的发明，战国时出现了空心砖与花纹砖。春秋时代出现了工匠祖师鲁班，他发明了攻城的云梯，以及墨斗、铁锯与鲁班尺等，为我国历史上最早的建筑发明家。这个时期已筑造了大规模的高台建筑与高层建筑，反映了中国古代土木建筑体系的初步形成。纺织业，不但在周代有了官办的、细密的分工，也从考古发现看到了当时的各类纺织品，东周的精细苎麻布与当代细布已十分接近。山车、纺车、脚踏斜织布、绕线框、齿耙式经具等手工织具，最迟在春秋晚期已经出现。涂染、揉染、浸染、媒染等染色技术已经成熟。冶铁技术的发明与普及也是这个时期的重要成就之一。在商代已发现有天然埙铁制品，考古工作者在三门峡虢国墓地出土了被誉为"中华第一剑"的西周末期铁柄铜剑。东周时期，人工铸器已较为普及。这个时期不仅发明了块炼铁技术，并已发明了铸铁柔化术，炼钢技术的出现，以及淬火技术的普及与应用，均是这个时期科技进步的重要标志。

(2) 汉唐时期，黄河流域科技水平有了进一步提高。造纸术发明于汉代，在陕西、甘肃等地发现的西汉麻纸，经检测表明，其应为早期纸的雏形和初期纸，其年代当在西汉中期。但以文献而言，东汉的尚方令蔡伦受命造纸，形成了质量更高的"蔡侯纸"。雕版印刷术起源于印章，以及对碑刻的拓印，在汉代已有碑刻，隋唐时期已有雕版印刷的文献记载，并在敦煌发现了雕版印制而成的《金刚经》。火药与道教方士炼制丹药有关，南北朝时期炼丹之风极为盛行，隋唐时期已发现了燃料与爆炸的原理，在唐代孙思邈的著作中记载了相关的配方，并有文献记载使用火药的实例。天文方面，东汉科学家张衡制作了观测天体变化的水运浑天仪，这种仪器在南北朝隋唐时期不断改进与制造，唐代还在浑天仪上设置了自动报时装置。唐代和尚僧一行，不仅利用仪器重新测定了150多颗恒星的位置，而且组织了一次大规模的天文大地测量，确定了子午线的长度，这在世界上也是首创。数学方面，汉初编定的数学专著《九章算术》，涉及正负数、开平方、开立方、二次方程、勾股定理等，在当时世界上居于领先地位。南北朝时的科学家祖冲之，在前人研究的基础上，推算出圆周率为3.1415927，从而成为世界上把圆周率的准确数值推算到小数点以后七位数的第一人。物理学的成就，包括东汉张衡发明的地动仪，还包括东汉

仪地惟能动风徘 衡张

郑玄发现了弹性定律，该定律揭示了物体受力时，如果应力在弹性极限范围之内，则应力与变形成正比的线性关系。地理学的成就，体现在由《汉书·地理志》开创的正史地理志的大量涌现，以《三秦记》、《华阳国志》、《大唐西域记》为代表的方志的出现，以《嵩山记》、《庐山记》为代表的山岳志的出现，以《括地志》、《元和郡县图志》为代表的地理总志的出现。尤其是北魏郦道元的《水经注》，通过实地考察与文献收集，对3000余个河、湖、池等水体进行记述，成为至今仍具影响力的地理学名著。在医学方面，东汉医学家张仲景以及代表作《伤寒杂病论》，奠定了中医治疗学的基础，被人尊称为"医圣"。汉魏之际的名医华佗，精于外科手术，他所创制的"五禽戏"，对强体健身极为有益。唐代名医孙思邈，长期在民间行医，他的《千金翼方》记录了800多种药物，他也被人们尊称为"药王"。冶铁业方面，郑州古荥发现的汉代冶铁高炉日产生铁1吨。西汉中后期，冶铁时已使用煤。东汉时，冶铁时已由人力鼓风改为马排、牛排、水排。炒钢法与铸铁脱碳钢技术的发明，也是汉代冶铁技术的重大进步。南北朝时发明了新的制钢技术灌钢法。

唐代冶铁术更为普及，出现了重达 100 万公斤、高达 150 尺的铜铁铸件"天枢"，应是当时冶炼技术最高成就的代表。纺织业方面，主要有丝织、葛麻织与毛织。汉代已出现了结构复杂的提花机。从考古发现看，汉唐丝织品已达到较高水平。陶瓷方面，成就突出。东汉时期大量盛行釉陶，南北朝时期"南青北白"的瓷艺格局业已形成，唐代三彩器的大量出现，使陶与瓷的结合达到了新的高峰。

（3）北宋时期，科技水平又有新的提高。根据曾公亮等人奉命编撰的《武经总要》这部长达 40 卷的兵书可知，火药已广泛应用于军事，如"火箭"、"火球"、"火蒺藜"、"火炮"及"火药鞭箭"等，该书中还记录了三种火药配方，反映了火药技术的成熟。宋代陈规发明了"火枪"，金人制造了号称"震天雷"的铁火炮，元代的火筒、火铳更具杀伤力，有效射程也更远。北宋著名的科学家沈括，在他的名著《梦溪笔谈》中，记录有自然科学的内容 207 条。如数学 3 条，反映沈括首创隙积术和会圆术方面的成就；物理学 40 条，涉及光学仪器、大气光象、磁针、声学共振等内容；化学 9 条，首次提出"石油"名称，沿用至今；天文学 26 条，主要贡献是发现真太阳日有长短，首倡科学的《十二气历》；地学 37 条，涉及海陆变迁、流水侵蚀、古生物化石、矿物与地震等，最大贡献在于第一次科学解释了华北平原的成因；生物医学 8 条，对动植物地理分布形态描述、生物防治、人体解剖、古生物学等有大量记载和论述；工程技术 30 条，记载了毕昇的活字印刷术，以及水工高超的巧合龙门的记载，均有意义。北宋李诫的《营造法式》，是中国建筑工程方面的重要专著，全书共 36 卷，体系严谨，内容丰富，是当时建筑科学技术的百科全书。在医学方面，北宋初年刘翰等人编著《开宝本草》，载药983种；其后苏颂等人编著《嘉祐补注神农本草》，载药1082种；苏颂还编辑《本草图经》，共21卷；元丰五年（公元1082年）出版发行的《经史证类备急本草》，为宋代本草著作的最高成就，全书载药1558种，有论、有图，共收药方3000余个，为后世保留了大量民间用药经验。北宋末年，还编著有《重修政和经史证类备用草木》，载药1740种；《圣济总录》则收药方近2万个，均反映在北宋时期中医药学达到新的高峰。在瓷器发展方面，黄河流域形成四大瓷业体系。如分布于今河北、山西等地的定窑系统，自唐代创烧，宋代最盛，延烧到元明，代表性窑址在今河北曲阳县涧磁村，其以白瓷为主，兼烧黑釉、酱釉、绿釉及白釉剔花，以及刻花、印花与划花，花卉纹以牡丹、莲花、菊花为常见。属于定窑系统者还有山西平定窑、阳城窑、介休窑等。磁州窑系统则为北方最大的民窑体系，窑址分布于太行山沿线，涉及河北、山西、河南达数十处之多，尤以河北磁县观台镇和彭城镇为中心，自唐代创烧，宋代兴盛，沿烧至金元。其装饰有白釉、黑釉，

尤以白釉酱彩最为常见，除大型花卉图案外，有着更多与生活相关的人物与故事图案，在日常生活用具之外，以瓷枕最具特色，其多有"李家造"、"王家造"等署名，并有马戏、婴戏、玩鸟、放鸭等内容，有的还有宋金词牌、曲牌等，具有浓郁的生活气息。耀州窑系统，以陕西铜川耀州窑址为代表，创烧于唐代，宋初创烧刻花青瓷，兼烧印花青瓷。北宋中期为鼎盛时期，实用器以盘、碗为主，各类器物应有尽有，每一类器物又多达十余种样式，十二瓣瓜棱碗、十六菊花瓣盘等具有高超的技艺，釉色以青釉为主，兼烧酱釉品种，有刻花与印花，其纹饰以海水游鱼纹和莲塘戏鹅纹最为生动。北宋晚期也以盘、碗为主，印花有较大发展，除花卉纹饰外，还有凤凰、牡丹、飞鹤及姿态多变的各种婴戏饰纹。此外，在河南的临汝窑、宜阳窑、宝丰窑、新安城关窑等也有耀州窑系统的青瓷用品生产。钧窑为北方诸窑中最晚形成瓷器系统者，以河南禹州为主，有窑址达百余处，以禹州八卦洞窑为代表。钧窑始烧于北宋，金元以来持续烧造。钧窑属北方青瓷系统，其以乳浊釉为特色，青中带红，犹如蓝天中的晚霞，而蚯蚓走泥纹也为钧釉的特点。钧瓷作品，造型古朴端庄，素有"家财万贯，不如钧瓷一片"之美誉。在工程机械方面，金末元初的薛景石撰写的《梓人遗制》，以图文并茂的形式反映了各式织机的结构，所记规格尺寸非常精确，有很高的历史价值。宋代出现的水力多锭大纺车，是当时纺织技术提高的标志。

　　北宋以后的南宋、元、明、清各代虽然在科学技术方面较前人有更大的提高和发展，但由于国家的政治、经济和文化中心自黄河流域南迁北移，有关科学技术情况本文不再赘述。

第四章
叹息黄河

一、决溢水患

黄河流域，尤其是黄河下游水患严重。据统计，自公元前2000年至公元1985年的3985年间，中国共发生水灾的年份为1029年，而见于记载的黄河流域所发生的较大水灾为617年。黄河下游自公元前602年至公元1938年的2540年间，决口泛滥的年份达543年，甚至一场洪水多处决溢，共决溢1590次。较大的黄河改道26次，其中最重要的黄河改道5次。它们是：公元前602年的河决宿胥口，公元11年河决魏郡元城，公元1048年河决濮阳商胡埽，公元1128年杜充决河以阻金兵，公元1855年河决铜瓦厢。黄河的5次大改道，以及数不胜数的水患灾害，不但给人民的生命财产带来了极大的灾害，有时也直接影响到国家政局的稳定。

1.第一次黄河大改道

黄河水患古代文献中早有记载。上古的尧舜时期，洪水滔滔，大禹带领各部族治水，不但取得了成功，而且也树立了权威，并因此而诞生了第一个奴隶制王朝——夏朝。商代时王都多次迁徙，有"前八后五"之称，据研究也与河患有关，《竹书纪年》中之"圮于耿"便是一例。据《汉书·沟洫志》引《周谱》云："定王五年，河徙。"这是关于黄河改道的最早的

黄河历代河道变迁略图

图 例

- - - - - 禹王故道　　　　— · · — 西汉故道

- · - · - 东汉及唐代故道　　—×—×— 宋代北流及二股河故道

～～～ 明清故道　　　　　—— 现行河道

—— 1938年花园口决口泛道　- - - 金元泛道

记载，清胡渭分析认为，此次河徙乃是自宿胥口分出后形成一道新河，即《水经注》的"大河故渎"。亦即史地家所称之为"《汉志》河"。宿胥口（今河南浚县西南）以下，经今滑县、濮阳、内黄、清丰、南乐以及河北大名东，而后入山东冠县、馆陶、临清、高唐、平原、德州，后又复入河北，经由吴桥、沧州，在黄骅入海。这条河道自周定王五年（公元前602年）形成后，沿河各个诸侯为了各自的利益已开始在大河下游黄河两岸筑造大堤，且多有以邻为壑、决河灌城的行为，这些人为决河也曾给人们带来过灾难。西汉时河道已严重淤塞，决溢之患常有发生。自西汉文帝十二年（公元前168年）开始，在十五年中发生的河患有十六次，大部分集中在西汉中后期以及东汉前期。黄河决徙历时长，损失大者有两次。一次为武帝元光三年（公元前132年）的瓠子决口，当时的黄河由西向东经濮阳瓠子堤转而为北偏东流，河决后洪水向东南注入巨野泽，泛滥淮泗，淹及16郡，时间长达23年，在今苏鲁皖地区造成较大的损失。另一次为王莽始建国三年（公元11年），"河决魏郡，泛清河以东数郡"，使洪水泛滥于冀鲁豫皖苏地区长达60年。以上两次大的河患，实际上是西汉诸多河患中的代表，据统计，在文帝十二年至王莽始建国三年共179年间，黄河决溢日渐增多，如在前129年中平均每25年半决溢一次，后50年中则每隔7年决溢一次。在此期间，黄河决溢的特点为：在决溢位置上北决多在魏郡，南决多在东郡与平原，实际地点在今冀鲁苏豫皖交界处；在泛滥方向上，北决多为东北泛清河、信都，南决则以瓠子河为界，以上向东南注入淮泗，以下则直下平原、千乘；在河道变化上，黄河南决因地势而自由择道入海，因此泛滥范围更大，危害更为严重。

2.第二次黄河大改道

自东汉永平十二年（公元69年）王景治河后，形成了历史上著名的"东汉大河"。这条河道，自荥阳至千乘海口，经东郡、魏郡、济阴、济北和平原等郡国。新河自济阴以下，流经于西汉大河故道与泰山北麓之间的低洼地带，行水比较浚利，黄河决溢明显减少，出现了一个相对稳定的安流期。

在东汉至魏晋南北朝以及隋唐初的500年间，尽管黄河没有决徙，但也发生了一些大的水灾。如三国魏黄初四年（公元223年），因大雨而导致的伊水与洛水的泛滥，伊阙左壁处竟至"举高四丈五尺"，据推算，其洪水流量接近2万立方米每秒。魏太和四年（公元230年）也发生了黄河支流伊、洛河决溢的洪水。西晋泰始七年（公元271年），因大雨导致黄河及其支流伊、洛、沁河大水，"流四千五百家，杀二百余人，没秋稼千三百六十余顷"。北朝时期，水灾发生地多在下游地区黄河北岸的定、幽、瀛等州。魏晋南北朝时期，"大水"的记载并不少见，其中自魏景初元年（公元237年）至晋太安元年（公元302年），66年间有明显地点的大水12次。晋泰始四年（公元268年）至咸宁四年（公元278年）10年间发生大水5次。

隋唐五代时期，河决次数增多。在隋代37年中，黄河有4年发生了较大的洪水，平均每9年发生1次，而无决溢的记录。唐代前期的138年中，黄河下游约14年有洪灾，平均10年1次，开元十年（公元722年）才有了下游决堤的记载，其支流的伊洛河水灾较多，平均达6年1次。而此时的水灾，如

"河南、河北大水，溺死者甚众"；或"秋大雨，河南、河北、山南、江淮凡四十余州大水，漂溺死者二万余人"等记载已较为常见。在唐代后期的 124 年中，黄河平均约 7 年 1 次水灾，京城长安附近的水灾多达 13 次，下游水灾则多集中在澶滑之间的河道束窄处。唐末五代时，水患更加严重，在 80 年间黄河有 24 年有决溢，决溢次数达 47 次，平均每 3 年有 1 次决溢。这个时期，决溢地点上起郑州，下至近海地带，尤以滑、濮、郓、澶诸州最为严重，东汉以来形成的黄河河道已不堪重负，黄河的改道已经迫在眉睫。

3. 第三次黄河大改道

北宋时期是黄河河患的多发期。北宋前期的"京东故道"实际上是东汉河道，不但河道淤高，沿河湖泊亦多淤浅。北宋前期的 89 年间，河决达 34 年，共决口 78 次，有时一年数决，或在同一地点反复决口。决口也多集中在河道狭窄段与转折处，尤以滑澶二州最甚。此时的重大决徙，如滑州韩村大决发生在北宋太平兴国八年（公元 983 年），决口后河水"泛澶、濮、曹、齐诸州民田，坏居人庐舍，东南流至彭城界入于淮"反映了黄河南迁的趋势。而天禧三年（公元 1019 年）的一次河决前后延续达 8 年之久，景祐元年（公元 1034 年）河决横陇埽，泛行十余年并形成了横陇河。到了北宋后期，黄河下游河道出现了北流与东流，其中北流时由濮阳附近的商胡埽决口，夺永济渠，在今天津东北入海；东流则是自大名河决东流，自沧州附近入海。下游河道在这种北流、东流的交替中煎熬着，其中熙宁十年（公元 1077 年）"河大决于澶州曹村，澶渊北流断绝，河道南徙"。这次黄河南徙，不但造成了濮、齐、郓、徐诸州的严重灾情，而且动用了 13 万军民进行了大规模的封堵行动。北宋后期的 80 年间，有 33 年决溢，次数为 55 次，平均 2.4 年有 1 次水灾，发生的地点也多集中在东流与北流交汇处的澶州与大名府之间。

4.第四次黄河大改道

黄河的第四次大的改道，则是在金兵南侵时。南宋东京留守杜充为阻止金兵南下决黄河南堤，致使黄河改道夺淮入海。黄河南徙历金元明清长达 700 余年，不但冲毁了大量的农田，也淹没了大量的城池。据有关文献记载，郓城、胙城、杞县、河阴、仪封、项城、原武、荥泽等县城均毁于此时。到了元代，决溢更加频繁，仅自至元五年（公元 1268 年）至至正二十六年（公元 1366 年）的 99 年间，大水决溢的年份达 58 年，有的一年决口十余处甚或几十处。金元期间，黄河下游河道并不固定，存在多条泛道，如有的由涡河经亳州入淮，或由徐州入泗、入淮，或由济宁、鱼台等地由运河入淮，或由巴河（白河）南下入淮，或由颍、涡入淮，甚或由会通河而夺大清河入渤海。大约在明代中期，黄河河道始稳定在归（德）、徐（州）一路。

明清两代黄河决溢仍然频繁，在整个明代，即从 1368~1643 年共 276 年的时间里，决溢的年份为 124 年，占明代历史的 45%，其中较大的黄河决溢达 9 次，决口的地点有今河南北部的新乡、原阳、延津，或黄河南岸的开封等地，实际上在 1495 年前，决溢地点在开封南北，此后则下移到今兰考与山东曹县。开封城在经过 4 次淹没之后，旧城掩埋在地下 4.5 米深的地方，而在明末李自成义军围攻开封时，义军与官军扒口，黄河水入城，溺死居民数十万。清代自 1644~1855 年，黄河泛滥的势头不减，雍正、乾隆两朝 73 年中，黄河决溢 26 年，其中河南上至武陟，下至考城均有决口；江南决溢的年份达 2/3，自砀山至阜宁均有决口，尤以铜山与睢宁决溢的次数最多。在嘉庆与道光两朝的 55 年间，黄河决溢 24 年，前期决溢地点以睢州以下为多，后期决溢地点逐渐上移。道光二十三年（公元 1843 年）因黄河中游发生特大洪水，"一日十时之间，长水二丈八寸之多，浪若排山"。据研究，三门峡当年的洪峰流量达 36000 立方米每秒，为近千年来最大的洪水。洪水使中牟的决口扩至 300 余丈，自中牟以南的豫皖地区遭受了洪水泛滥的灭顶之灾。

5.第五次黄河大改道

清代咸丰五年（公元 1855 年）河决兰阳铜瓦厢而形成黄河的第五次大改道，至今已达 150 余年。铜瓦厢决口之初清政府内外交困，无意筹堵，继之则行新河与复故道争论不休，新河堤防修筑迟缓，致使河水泛滥加重。自公元 1855~1911 年的 57 年间，黄河决溢达 40 年，决口重灾区主要集中在山东境内，这与山东河段狭窄、堤防薄弱有关。在民国时期（1912~1948 年）的 37 年间，黄河有 30 年决溢，而以 1933 年最甚，决口达 74 处，全河有河南、山东、河北、陕西、江苏、绥远 6 省、67 县受灾，面积 12000 平方公里。受灾人口 3396000 多人，死亡 18300 余人，财产损失达 2.07 亿元。1938 年的洪水量并不大，但由于人为决口于花园口，使洪水南下由贾鲁河入颍河，由颍河入淮，使豫皖苏 3 省 44 个县受灾，面积达 13000 平方公里，死亡人数达 89 万，1250 万人流离失所，财产损失为 9.53 亿元。可以说，这次黄河南泛，惨绝人寰，是灾难黄河留给人们最近的也最为深刻的记忆。至 1946 年开始的黄河归故工程，揭开了人民治黄的新篇章，新中国的建立，更使灾难黄河成为历史。

二、旱、震、风灾

1.旱灾

旱灾与水灾是交替出现的，这与黄河流域雨量偏小、变率大的特点有着较大的关系。自公元前 1766 年至 1945 年的 3711 年中，有大旱记载者达 1070 余年，而仅清代就发生旱灾 201 次，平均一年多发生一次旱灾。黄河流域的旱灾因范围广、历时长、危害大、几率频繁，而成为与水灾同等危害的两大杀手，成为灾难黄河的主体部分。

（1）黄河流域的旱灾可追溯到夏商时期。如夏末的"伊、洛竭"，以及商汤的 7 年大旱和相关的商汤祈雨的传说，都是这种大旱的反映。春秋时期（公元前 770~前 476 年）的 295 年间，发生旱灾 29 次，平均约 10 年发生 1 次；其中较大的旱灾有 5 次，平均约 60 年 1 次。战国时期的 225 年间有大旱 4 次，如公元前 309 年，更发生了涉及长江、黄河两大流域的全国性大旱。秦代发生大旱 1 次，西汉时更多，其中自汉惠帝五年（公元前 190 年）至地皇三年（公元 22 年）共 212 年间，有 24 个大旱年，平均每 9 年一次。其中，地皇三年（公元 22 年）的大旱，"关东饥，人相食，蝗飞蔽天，流民入关数十万人"，这反映旱灾与蝗灾同时发生，并造成了有史书记载的第一次的"人相食"的悲惨状况。

（2）东汉至隋唐时期，旱灾仍然频繁。东汉在统计的 169 年中，有大旱年 14 个，其中建武二年（公元 26 年）的旱灾造成"关中饥，人相食，城郭皆空，白骨蔽野"的惨状。西晋在统计的 46 年中有大旱年 10 个，如元康七年（公元 297 年）"雍、梁州大旱，疾疫，关中饥，米斛万钱，诏骨肉相卖者不禁"。东晋所统计的 160 年间大旱年达 10 个，平均 16 年一遇，类似于"天下大饥，人相食"的记载仅在东晋就达 6 次。隋代

七世纪以来黄河流域大水、大旱年数初步统计

世　纪	大水年数	大旱年数
七	9	4
八	4	2
九	3	0
十	6	5
十一	2	4
十二	0	2
十三	2	2
十四	9	9
十五	8	5
十六	11	17
十七	15	22
十八	13	7
十九	25	11
二十	3	5
总计	110	95
平均	8.1	7.0

在统计的 38 年间大旱年为 3 年，平均 12 年一遇。唐代自武德元年至天祐四年（公元 618~907 年）计 290 年间，大旱 20 次，其中特大旱 5 次。五代所统计的 54 年间，水灾多旱灾少，仅有 1 次特大旱灾记载。这些特大旱灾一般都与蝗灾连在一块，并造成了"人相食"的悲惨局面。

(3) 北宋金元时期旱灾有所减弱。在北宋的 168 年间，大旱 23 年，这个时期水灾多于旱灾，而且无特大旱灾的记载。但在上游地区出现了 3 次连续的干旱年，在陕西、宁夏、山西甚至持续 6 年干旱。金元时期的 242 年中有 15 次大旱，其间有 14 次特大旱。这些旱情主要以中游为主，大旱不但与蝗灾同时发生，而且造成大量的人群逃离家乡，"升米百钱"，"斗米钱数千"，因此"人相食"、"捕蝗以为食"，甚而"流殍满野"。

(4) 明清时期旱情加重。明代的 277 年间，大旱 73 年，平均不足 4 年一次，有 8 次为特大旱情，且呈持续干旱。如洪武四年至七年，连续 4 年干旱。明成化十八年至弘治十一年，连续 17 年持续大旱，不仅涉及二京，还有陕西、山西、河南、山东等地，以山陕最为严重，形成"赤地千里，井邑空虚，尸骸枕藉"的惨状。崇祯元年（公元 1628 年）的特大旱，以陕北尤甚。在此后的若干年间，这种旱象一直延续下去，"父子相食"，"公鬻人肉"，"父子夫妇相割啖"，类似的文字不绝于书。清代的 268 年间，大旱 27 年，平均 10 年一遇，其中特大旱 10 次。清代的黄河流域大旱，已不仅是中游地区，而是自上游而下全流域地区持续，成片大旱，不仅干流大旱，而且汾、渭、洛、沁等支流皆旱，河干、井竭、泊涸，造成了赤地千里、饿殍遍野、树死土焦、亲人相食的悲惨局面。其中以光绪二年至四年的 3 年特大干旱最为典型，这次旱情主要发生在晋、豫、鲁、直各省，后扩至陕、甘、宁等上游地区。许多地方不但"树皮草根食殆尽"，仅山西灵石有人相食者 400 户 4 万余口。三年的持续大旱造成 1300 万人死亡。

至于民国年间的 38 年时间里，发生了 6 次大旱，其中 3 次特大旱。最值得记忆的是民国 32 年的大旱，可以说历史时期因旱而形成的惨状在这个时期都有体现，只有在新中国成立后这种惨状才得以终结。

2.震灾

黄河流域因地质构造而形成的 3 个地震多发带主要分布在中上游地区。一是天水—兰州带。历史上发生较大的破坏性地震达 20 余次，一方面形成了地震山崩、壅塞河道、河水逆流、积而为潭的局面。另一方面则是地震坼裂、陵谷变迁、移山湮谷、压覆村镇。如 1718 年的通渭地震，平地裂陷，压杀人众 4 万有余。1879 年在甘肃武都发生了 8 级地震，死 2 万余人。二是银川—呼和浩特带。在这段裂谷河段，发生了 12 次较大的破坏性地震，集中在中卫至石嘴山黄河两岸及支流清水河、六盘山一带。1739 年在宁夏平罗、银川发生的 8 级地震，"地如奋跃，土皆坟起，地裂数尺或盈丈，水涌溢，其气皆热，淹没村庄，房舍倒塌无数，……压死五万余口"。1920 年在宁夏海原发生的 8.5 级大地震，不仅山崩地裂，而且使海原、固原等 4 城全毁，死 23 万余人。三是汾渭裂谷带。有记录的较大的破坏性地震 20 余次，主要的破坏特征，如地震川竭；山崩壅水；地陷、地裂与地滑；地下水质发生变化；地中喷火，气象变异。其中明嘉靖三十四年（公元 1555 年）的华县大地震，"地裂泉涌"、"地翻泉出"、"压死官吏军民奏报有名者八十二万有奇，其不知名未经奏报者复不可数计"，可以说，这是历史时期黄河流域造成人员伤亡最大的一次地震。而 1920 年的海原地震破坏性最大。此外，在太行山麓、山东及渤海湾也是地震多发带，均有 7 级以上的地震发生。

3.风灾与盐碱

受风灾侵袭最大的地区为黄土高原北部长城沿线的风沙区和黄土丘陵区，黄土高原受风沙危害的面积约 20 万平方公里，即在长城沿线以北、阴山以南、贺兰山以东，大同至呼和浩特以西，经常有 8 级以上的大风出现，有些沃土的表面因风蚀而遭到破环。在河口一带，因大风引起的海浪会侵淹滩涂。在下游的平原地区，亦有飓风与暴雨相交织发生的记录，菏泽、梁山一带也有风力达 9~11 级，甚或 12 级大风发生的历史。

盐碱土壤多与封闭低洼区有关。在黄河下游地区，由于多次的改道与泛滥，造成岗洼起伏与砂黏交错，排水不畅而积涝返盐，在古代文献中称之为"白壤"。在河口地区，因海水浸渍亦有与海岸线平行的带状盐碱地。在晋陕间的河谷盆地，如泾惠灌区、洛惠灌区、宝鸡峡灌区、汾河灌区亦分布有程度不同的盐碱地，晋南还有知名的以产盐而著称的"盐池"。在河套平原，因地质、气候、地形和灌排失调等原因而形成盐碱化，尤其是东南部的西山嘴一带，为该区域最严重的盐土带，该地区盐碱化有加重的趋势。

水土流失最严重的地区为黄河中游的黄土高原区。由于人口增加、战乱、自然灾害与乱垦滥伐，而导致该地区严重的荒漠化,从而形成"越垦越穷,越穷越垦,越垦越流失"以及下游堤防的"越加越险,越险越加"两个恶性循环。该区域因严重的水土流失,每年损失的土地达 6000 多公顷。水土流失,使得土壤中氮、磷、钾等微量元素减少,不仅破坏了土壤的结构,从而使土地日益瘠薄。水土流失加剧,造成生态环境恶化,从而加重了干旱的威胁。水土流失导致沟蚀的发展,使耕地面积日益缩小。水土流失也加剧了干旱化以及土地的沙化,从而使中游地区沙漠区的面积进一步增加。水土流失加剧了下游河道的淤塞,使河道成为地上河,这是下游河道安全的关键所在。

第五章
求索黄河

一、河患治理

1.上古至西汉时期的河患治理

黄河治理的历史十分悠久，早在上古时期便有古代部族及领袖治理水患的传说。最早治理洪水的部族是共工氏，这个部族以治水而著称，以至于自颛顼至舜的五帝时代，只要讲到治水，便离不开共工，共工甚至在当时已成为水官的专用名词。共工氏治水的方法只不过是"水来土挡"的基本治水方略。到帝尧时还有"鲧障洪水"的记载，鲧是大禹的父亲，他的主要方法是堵，这种方法对于大面积的洪水泛滥并不能奏效，于是他的儿子大禹认真总结了前人的治水经验，"乃劳身焦思，居外十三年，过家门不敢入"，他采用了堵、疏结合的方法，使泛滥于九州的大洪水得以治理，从而奠定了黄河安然北流的基础。大禹也因此而成为在各部族具有号召力的政治领袖，从而建立了全新的奴隶制王朝——夏朝。

夏商周时期，黄河北流泛滥的历史时常见于史籍，尤其是周"定王五年河徙"，在黄河下游的末端形成了被称为"大河故渎"的河道。东周时期，列国诸侯出于自身利益而在下游地区筑造堤防，为了调整各自的利益，他们相互约定"无曲防"，从而使黄河河患的防治进入了一个新的阶段。

　　秦统一中国之后，使黄河堤防形成统一的防护措施成为可能，如在西汉时驰名的"瓠子堤"，有的便称为"秦堤"。到了西汉，不但专设有管理堤防的"河堤都尉"、"河堤谒者"这样的河防专门职务，而且在治理黄河水患方面，投入的人力有时多达上万人，投入的费用"治堤岁费且万万"。西汉时的重要治河活动有两三次，其一是汉武帝的瓠子堤决口事件。在濮阳发生的瓠子堤溃决达20余年，汉武帝在排除争议之后，命汲仁和郭昌发率数万人进行塞决，并亲临督导，令在堵口合龙之地修建了纪念性建筑"宣房宫"，汉武帝在《瓠子歌》中详细描述了这次堵口的过程。其二是汉成帝时期王延世主持的东郡堵口。这次堵口不仅在方法上较瓠子堤堵口有所创新，而且也节约了治河的人力与经费，因而受到汉成帝的嘉奖。

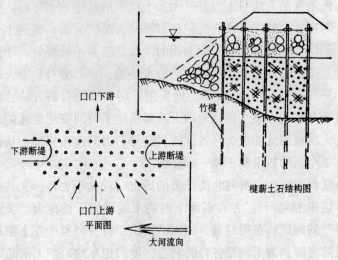

瓠子堤堵口布楗示意图

2.东汉至隋唐五代时期的河患治理

两汉之际，黄河决溢，纵横乱流的局面更加严重。东汉王朝建立之后，直到汉明帝时期，国力才有了较大恢复，永平十二年（公元69年）正式委任王景主持河务。王景与王吴带领数十万民工，不但修浚了汴渠，而且对黄河下游进行了大规模的治理。王景"商度地势，凿山阜，破砥绩，直截沟涧，防遏冲要，疏决壅积"；而且还修筑自荥阳以下至入海口的黄河大堤千余里。王景治河，取得了较好的效果，一个时期里，河患较少，甚或有"千年无患"之誉。

有关魏晋南北朝时期的治河事迹并不多载，但当时设有官职不高的"河堤谒者"或"都水使者"，负责河务。魏晋之际，在今河南荥阳的黄河古汴口有过两次专门的治理活动，这些工程包括口门工程的重建，以及沈莱堰的建设。北魏时候也有过崔楷的治河规划，并因此而进行了有限的治河活动，不过，并没有太大的成效。

隋唐五代时期的河患治理也有一定的记载。其中，隋朝以运道整治为主。唐代的治河活动有四次较有影响，其一是玄宗委派三州地方官对博州、冀州、赵州等地的河段进行专门的治理；其二是开元年间对济州河道抢护堤防，并因此而受到后人的歌颂；其三是宪宗时动员民工对滑州境内的河道进行整治；其四是唐懿宗时期对滑州河道采取改河的办法，使当地"树堤自固，人得以安"。五代时河患频繁，后唐、后晋、后周都对河患进行了治理，治理的重点是郑州、原武至滑州一带，其中后周宰相李谷奉命督役6万人，在阳谷修筑新堤，塞治决口。

3.宋元明清时期的河患治理

北宋治河，工程多，规模大，付出的代价大，河工技术上贡献突出。北宋治河的重点在滑、澶二州，许多时候皇帝亲自过问，并安排大小治河事件达 50 多次。因为治河与北部边防纠缠在一块，所以朝臣们围绕黄河北流与东流的问题，进行了三次大的讨论。在治河问题上，最高决策者犹豫不决，举棋不定，使黄河水工受到影响，以致三次回河都以失败而告终。

南宋东京留守杜充为抵御金兵，而于建炎二年（公元 1128 年）决堤改道，使黄河开始了长达 720 余年的南流历史。在金代，南行的黄河成为宋金之间的缓冲地带，金朝也将黄河治理的重点放在北岸，而使南岸决溢无塞。元朝建立后，颇为重视决口的塞堵与堤岸的修整，尤其是元惠宗至正年间都水监贾鲁奉命治河，不仅堵塞了白茅决口，而且采取了疏、浚、塞等方略，整治旧河道，疏浚减水河；筑塞小口，培修堤防；堵塞黄陵口门，挽河回归故道等，使黄河河患治理取得了较多的成效。

到了明代，自洪武年间便开始了兴工治河，及时发动民夫先后堵塞了开封太黄寺堤、东月堤以及阳武等处的决口。成祖迁都北京之后，为保漕运，在整治河患时，首先考虑黄河与运河的关系，并以有利于漕运为前提。在永乐至嘉靖年间，采取北岸筑堤、南岸分流的方略。南岸分流的多少，也必须照顾到徐州上下的漕运。明代几次重要的治河活动首先要提的便是徐有贞治理沙湾。景泰时，朝廷命徐有贞为金督御史，对屡塞屡决的沙湾河段进行专门治理。徐有贞提出了置水闸门、开分水河、挑深运河等治河对策，并以疏、塞、浚并举的办法，动员五万多民夫，费工五百五十余日，完成了这次规模较大的治河工程。弘治年间，白昂、刘大夏的治河活动也较为重要。其中，白昂治河，参与的民工达二十五万之众，不但修筑了阳武长堤，还塞决口 36 个，使河流入汴水，汴流入睢水，睢流入泗水，泗流入淮水，并通达入海。其后刘大夏采取了遏制北流、分水南下入淮的治河方略，他筑起的长达数百里的"太行堤"，直到现在在今河南、山东地区仍有保留。到了明代后期，不但完善了北岸的堤防，而且也增修了南岸堤防，使黄河决口泛滥向山东与江苏交界的曹县、单县、徐州等地集中。这个时期不但治河活动增加，工役接连不断，治河的机构与组织更加完善，尤其是潘季驯采取"束水攻沙"的治河方略，对以后的黄河治理有较大影响。这时的治河，在"保漕"与"护陵"的基本框架之下，使治河活动更趋复杂。

　　清代治河仍以不妨害漕运为主要出发点。在雍正与乾隆时期，不但加强了治理河患的组织机构，而且也及时堵塞决口，尤以齐苏勒、稽曾筠、高斌、白钟山等为河督之时，成为继靳辅、陈潢之后，治理河患较有成绩之士。在嘉庆、道光年间，吴璥、康基田、黎世亭、栗毓美等人为河督时，也成为较有作为的治河人物，他们治河则以堵口抢险而疲于奔命。清代治理河患，工程繁多，用费浩大，也成为国家巨大的经济负担。与此同时，在治河实践中，也形成了更多有见地的治河方略，如陈法提出的"二渎交流有害无利说"，孙嘉淦的"修分洪道以防异常"的方策，赵翼的"两河轮换行水以防溃决"的建议，胡定曾的"沟涧筑坝汰沙澄源"的观点，康基田"小水走湾大水走滩"的认识，阮元的"海口日远，运口日高"的见解，魏源的"河势利北不利于南"的认识，都是在总结以往治河经验，参与治河实践而形成的重要治河新认识。

二、河工技术

1.筑堤技术

筑堤技术的核心为夯土堆筑技术，其可以追溯到史前时期。从新石器时代的晚期遗址中发现，当时人们已广泛使用了夯土筑造技术，主要用于居住建筑上，如夯土墙、夯土台基以及夯土柱础等。到了夏商时期，出现了大量夯土城垣，尤其是类似于郑州商城那种断面呈梯形的夯土城垣，实际上是河堤的翻版。

从《考工记》等文献可以看出，古代黄河的堤防修筑，无论是堤身断面设计、标准控制、用土选择及密适度检验等都有成套的技术要求。如堤防修筑要根据自然地形的变化，慎重选择堤线的走向，堤顶与堤基要保持2:3的比例。古人很早就提出堤坡要放缓，以使堤身有更好的稳定性。明代不仅提出坡堤"切忌陡峻"，堤身两侧坡度达到1:2，即所谓"走马堤"。

至于堤防用土，宋金时已有"花淤"（沙淤相杂）、"沫淤"（风化淤）的概念。明代中期更强调堤坝用土以坚实老土为宜，且土料不宜过湿。明清时期，都强调取土区与堤坝间要有一定的距离。

修堤时要进行测量，东汉王景治河有"商度地势"之说，商、度即今日的测量。明代刘天和的《问水集》中有专门的记述，即选定一个固定地点起算的测量。至于堆筑方法，也和筑城一样，采用分层夯筑。而对夯实度的检验，明清两代常以铁锥筒探，辅以掘试的方法，确定夯土质量。运载工具，早期主要是人力与扁担、土筐相结合。清康熙年间，开始用驴车，以后更用独轮小车，极大地提高了运土效率。

2.埽工技术

埽工技术，是黄河治理过程中产生的一种独特的防洪方法。它是以柴草为主要材料，并以桩、绳连接后，辅以土石，修建起来的御水建筑物。埽工通常建在堤防靠水的地方，借以抗御河水对堤防的冲击，保护堤身的安全。

埽工技术的发明可以追溯到先秦。《管子·度地》便有薪柴御水的记载，西汉时也以"伐买薪石"所占御河费用较大比

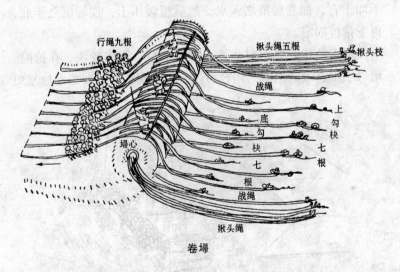

卷埽

例。自宋代开始，"埽"作为河工建筑物之名屡见于文献。沿河两岸的埽工已有 40 余所，因用材不同可分为马头、锯牙、木岸等。《宋史·河渠志》也有较为详细的卷埽制作的文字：

"先择宽平之所为埽场。埽之刹，密布芟索，铺稍，稍芟相重，压之以土，杂以碎石，以巨竹索横贯其中，谓之'心索'。卷而束之，复以大芟索系其两端，另以竹索自内旁出，其高至数丈，其长倍之。"元代埽工技术有所发展。有岸埽、水埽，又有龙尾、拦头、马头等埽，其制作有用土、用石、用铁、用草、用木等方法。明清时期，黄河埽工种类繁多。其中，明有靠山埽、箱边埽、牛尾埽、龙口埽、鱼鳞埽、土牛埽、截河埽、逼水埽；清有磨盘埽、月牙埽、鱼鳞埽、雁翅埽、扇面埽、耳子埽、等埽、萝卜埽、接口埽、门帘埽。明清时期，埽的制法仍用卷埽，但有别于宋元，即以铺草为筋，以柳为骨，不加土石，捆卷后推之入水，然后缓缓压土，俟埽沉之于底，再下排桩固定。

　　埽工的优点是用料普通，就地取材，制作较快，在抢险、堵口中很有效。但因其体轻易浮，容易腐烂，需要经常修复更

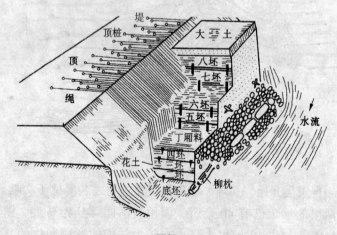

厢埽

换，若连续组合，一经大水淘空，造成塌岸巨险，后果不堪设想。清代中叶，埽工技术又有新的发展，原来的卷埽已不常用，代之以新兴的厢埽。厢埽因施工方法的不同又有顺厢和丁厢之分。做埽时料物的铺放与水流方向平行，称之为"顺厢"，而料物除底坯平行于水流铺放外，其余各坯皆与水流方向垂直铺放着，称为"丁厢"。

近代以来，石料开采比较容易，埽工技术又有新的改进，目前黄河下游依然见到的柳石工即为旧时秸料埽的新发展。

3.堵口技术

黄河河工堵口技术在汉代已形成两套完整的方法。一种是平堵，汉武帝时瓠子堤决口时便采用了这种方法。从文献分析，用大竹或巨石沿决口的横向插入河底为桩，由疏到密，先使口门的水势减弱，再用草料填塞其中，最后压土或压石。另一种是立堵，汉成帝时馆陶决口便采用了这种方法。很可能是先由口门两端分别向中间进堵，待口门缩窄到一定宽度，再用沉船的方法将竹石笼沉下，然后加土使决口塞合。

另外，由宋人沈立《河防通议》所述的"闭口"情况看，其时黄河堵口先在口门两侧坝头上竖立标杆，再于口门上缘架设浮桥，以便河工通行，并借以减缓流势。接下来在口门上部下桩、抛石、抛树，进一步缓流，并于两岸分别进草埽三道，草埽之间填做土柜，中流部分抛土袋土包合龙，且与龙口前压护头埽，拦头埽之上再修压口堤。这是一种平堵与立堵相结合的方法。沈括在《梦溪笔谈》中记述有河工高超堵口一则，方法为分节下埽，当是又一种新法，只因文字简略，如何解释，目前尚不统一。

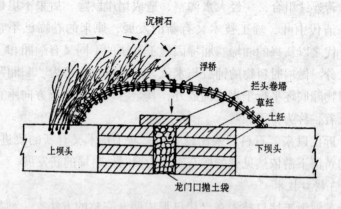

闭河（即堵口）示意图

　　元末贾鲁治河，采用沉船堵口法。即在两岸卷埽向中间进堵时，一方面采用"减河"的方法，减少河水对堵口工程的压力；另一方面将装满石头的船只连成一排，排列在决口处，凿而沉之，随后杂以草土等物，使决口合龙成功。继贾鲁在白茅集决口使用该方法成功之后，明代刘大夏在张秋决口时，也采用了这种方法，实施了堵口，使立堵技术有了进一步发展。

　　清代中期，厢埽法兴起之后，常用顺厢埽法堵口。其法因决口口门的宽窄和水势情况不同，又可分为三种情况：一是口门较小、水势较弱时，采用单坝进堵法，俗称"独龙过江"；二是口门较大、水势较猛时，采用双坝进堵法；三是在正坝上游修建上边坝，或在正坝下游修建下边坝，并与正坝同时，即三坝进堵的方法。顺厢埽堵口的关键在于合龙。合龙的方法与步骤是：在两侧坝体上各打4排合龙桩，再布合龙缆，其两端活扣于两侧合龙桩之上，然后于一岸连接绳网，形成宽度与口门基本相等的龙衣。结好之后的龙衣卷成捆后牵引到对岸，而后在龙衣上堆放秸料，压上土袋，并层层相压，后沉埽入水，直到压埽到底，合龙完毕。

三、治河人物

1.汉唐时期的治河人物

（1）第一位亲临堵口现场的皇帝——汉武帝。汉武帝刘彻（公元前156~前87年），字通，景帝刘启之子，在位55年，是中国历史上很有作为的皇帝之一。汉武帝执政时重视农业，兴修水利。元光三年（公元前132年）黄河在东郡濮阳的瓠子堤决口后，即派大臣汲黯组织民工堵口，汲黯也因此而成为中国历史上有史可考的第一次堵口工程的主持者。但这次决口，直到20余年后，才在汲仁的主持下得以告成。在工程进行的关键时刻，汉武帝亲临现场，亲自督察，并写下了著名的《瓠子歌》，以记述堵口经过。

（2）"竹笼堵口法"的创立者王延世。王延世，字长叔，西汉犍为资中（今四川资阳）人。汉成帝建始四年（公元前29年），黄河在馆陶和东郡决口，校尉王延世受命为河堤使者，他采用竹笼内盛以小石头的方法，仅用36天便堵口成功。河平二年（公元前27年），他又受命主持平原（今

汉武帝像

属山东）堵口，用 6 个月的时间堵口成功。王延世也因堵口成功，而两次受到"黄金百斤"的奖励。

（3）"一石水而六斗泥"名言的发明者张戎。张戎，字仲功，西汉末长安人。王莽执政时，他任大司马史时，在讨论治河时，从水流、泥沙角度分析河患原因，并提出以水刷沙的主张，极富创见性。尤其是"河水重浊，号为一石水六斗泥"，已成为量化水沙的千古名言，至今还为人们所引用。

（4）"治河三策"的提出者贾让。贾让，西汉末年人。他应诏向汉哀帝上书，提出了中国历史著名的"治河三策"。他的治河上策是"徙冀州之民当水冲者，决黎阳遮害亭，放河使北入海。"他的治河中策为"多穿漕渠于冀州地，使民得以溉田，分杀水怒。"具体是在洪水入河处以东"多张水门"，并在水门以东修一长堤，在长堤旁多开水渠，以"避三害，兴三利"。他的治河下策为仅在原来的狭窄弯曲的河道上"缮完故堤，增卑倍薄"，进行小修小补而已。贾让的"治河三策"，是中国最早的对黄河下游兴利除害的治河文献，并被完整地保留在《汉书·沟洫志》内，对历代的治河产生了较大的影响。

（5）影响深远的王景治河。王景，字仲通，原籍琅邪不其（今山东即墨县西南）人，东汉明帝时曾任侍御史、河堤谒者等职。永平十二年（公元 69 年），王景受命率领十万卒众治理黄河与汴渠，他不但修筑了自荥阳至入海口，长达千余里的大堤，还破除了旧河道中的阻水工程，疏浚了淤塞的汴渠，在汴口处采取"十里立一水门"之法，交替引黄河水入汴。王景的这次治河工程，历时一年，虽动用大量人力、物力，耗资巨大，但在历史上影响深远。

（6）不遗余力治理河患的周世宗。周世宗（公元921~959年），姓柴名荣，邢州龙冈（今河北邢台西南）人，后周太祖郭威养子，曾任枢密副史、天雄军牙内都指挥史、澶州节度使、开封尹，并封晋王，后继任为后周皇帝。他当政后，以统一全国为己任，一方面启用贤才，严惩污吏；另一方面大力发展生产，兴修水利。尤其是大规模疏浚汴水，整修永济渠，使开封成为四通八达的水运中心。柴荣在位时，黄河连续多处决口，泛滥成灾，他任命宰相李谷直接主持堵口工程，使河患得以稍息。

2.宋元时期的治河人物

（1）《河防通议》的作者沈立。沈立，字立之，北宋历阳（今安徽和县）人，他曾多次出任地方长官，以及商胡埽提举、都水监、江淮发运使等职。他不仅参与了商胡埽堵口，还奉命到河防现场考察巡视，后撰著《河防通议》一书。这部书的辑本流传至今，有《堤埽利病》、《闭河》、《修砌石岸》、《卷埽》等篇，是宋代河工方面最有价值的书籍，为历代治河工作者所重视。

（2）大力倡导利用黄河水资源的宋神宗。宋神宗赵顼（公元1048~1085年），英宗赵曙长子，治平四年（公元1067年）正式登基。他执政期间，大力支持王安石推行新法，颁发《农田利害条约》，并在全国兴起了"古陂废堰悉务兴复"的局面，也使黄河下游出现了前所未有的引黄放淤高潮。宋神宗也重视黄河的治理，当时王安石与司马光治理意见分歧，宋神宗采取王安石一步到位的堵口方法，但效果并不明显，以致后来认为"水之趋下，乃其性也"，黄河东流与北流的局面也就因此延续下去。

（3）"宽立堤防，约拦水势"的倡导者任伯雨。任伯雨，字德翁，北宋眉州眉山（今四川眉山）人，宋徽宗时任左正言，他上书皇帝治理之策，不但批评了北宋时期的治河方针，提出"为今之计，正宜因其所向，宽立堤防，约拦水势，使不致大段漫流"。他的主张为后代重视，对治河产生了一定的影响。

（4）第一次大规模考察河源的组织者都实。都实，蒙古人。元至元十七年（公元1280年）世祖忽必烈派他以"招讨使佩金虎符"，带领人马到黄河源勘察。他们自河州（今甘肃临夏）宁河驿出发，穿过甘南的崇山峻岭，经积石山东，溯河而上，历时4个月，完成了河源勘察任务。后被潘昂霄记述为《河源志》，而流存于今。

（5）影响深远的贾鲁治河。贾鲁（公元1297~1353年），字友恒，元河东高平（今属山西）人，至正年间任工部郎中、集贤殿大学士、中书左丞等职。贾鲁在任都水监之职时，曾考察黄河地形，并提出"修筑北堤"、"以制横溃"与"疏塞并举"的治河二策，后在丞相脱脱的支持下，以工部尚书总治河防使的身份，带领十三路的15万民工和2万军士，进行堵口大工。他采取疏、塞、浚并举的方法，整治河道，培修堤防，并以沉船法，而作石船大堤，在口门沉船的基础上卷埽压厢，堵塞了白茅大口，挽河回归故道。贾鲁治河，耗财巨大，效果也较明显。郑州附近今有贾鲁河，据说就与贾鲁治河有关。

3.明代的治河人物

（1）"太行堤"的主持者刘大夏。刘大夏（公元1436~1516年），字时雍，明湖南华容人，官至兵部尚书。弘治五年

（公元 1492 年），黄河在封丘、仪封（今属兰考）决溃，刘大夏以右副都御使的身份主持治河，以通漕运。他采用"遏制北流"，分水南下入淮的治河方策。不仅堵塞了 7 处口门，而且还在北岸修筑了起自胙城（今属延津）、东达曹县的太名府长堤，长达 180 公里，又称为太行堤。他主持修筑的金龙新堤，位于铜瓦厢上下，长达 80 公里，自此黄河北泛受到阻遏，徐、淮漕运通畅。

（2）"水平法"的发明者刘天和。刘天和，字养和，明湖北麻城人，曾官至兵部尚书。嘉靖十三年（公元 1534 年）开始，他以都察院右副都御史总理河道。他治河重在北岸，意在保漕。他征役夫 14 万人疏浚兰阳（今属兰考）附近的河道，后又疏浚鲁桥至徐州长达二百余里的运道，筑长堤、修闸门、植柳树，使"运道复通；万艘毕达"。在实践的基础上，他撰著《问水集》，主张"筑缕水堤以防冲决，置顺水坝以防漫流"，创造"水平法"的施工测量和挖泥的施工技术，在治河上有所贡献。

（3）《治水筌蹄》的作者万恭。万恭（公元 1515~1591 年），字肃卿，别号西溪，明江西南昌人，官任大理寺少卿、光禄寺少卿等职。隆庆六年（公元 1572 年），他以兵部左侍郎兼督察院右佥都御史总理河道。他不但主持修建了自徐州至宿迁小河口的长堤，而且还挖浚湖区积淤，并修建水闸20 余处。在黄河治理方面，万恭认为，黄河的根本问题在于泥沙，治理多沙的黄河，不易分流，必须因势利导，用堤防约束就范，使之入海，这样"淤不得停则河深，河深则永不溢"。他的思想和认识收录在《治水筌蹄》一书中，对潘季驯有较大影响。

（4）著名治河专家潘季驯。潘季驯（公元 1521~1595年），字时良，号印川，明浙江乌程（今湖州市）人。嘉靖至万历年间，四次总理河道，先后治河近 10 年，官至工部尚书兼督察院右都御史。潘季驯在治河实践中，充分认识到黄河含沙多的特点，强调以束水攻沙的理论指导治河，即"以河治河，以水攻沙"。其措施包括"筑堤束水"，利用洪水冲刷主槽；加强洪泽湖东岸的高家堰，充分利用洪泽湖蓄淮河之水，以冲刷黄河淤沙。在处理黄、淮、运三河关系上，提出"通漕于河，则治河即以治漕；合河于淮，则治淮即以治河；会河、淮而同入于海，则治河、淮即以治海"的原则。在堤防修守方面，他强调昼防、夜防、风防、雨防的"四防"与官守、民守的"二守"的修防法规，进一步完善修守制度。在潘季驯的主持下，全面整修完善了郑州以下两岸堤防，初步形成了黄河下游防洪工程体系，成效卓著。他的《河防一览》一书，不仅阐述了他的治河方略和经验，也对后世治河产生了深刻的影响。

4. 清代的治河人物

（1）清代治河的最佳搭档靳辅与陈潢。靳辅（公元1633~1692年），字紫垣，祖籍辽阳（今属辽宁）人。康熙十六年（公元 1677 年）调任河道总督，在他的长达十余年的治河生涯中，关键得益于他的幕僚浙江钱塘（今杭州）人陈潢（公元1637~1688 年），可以说，凡治河之事，无不向陈潢垂询与请教，成为在中国治黄史上官员与专家结合的最佳典范。

靳辅上任后，便与陈潢到沿河各地调研巡查后，而后提出了"治河之道，必当审其全局，将河道运道为一体，彻首尾而合治之，而后可无弊也"的治河主张，并在一日之内向康熙皇帝上了八疏，系统提出自己的治河方略和规划。而后他在清口与河口间 150 公里的河道内，采取"疏浚筑堤"并举的措施，使较短时间内河道畅通、运道无阻。靳辅鉴于"上流河身宽，下流河身窄"的状况，沿用潘季驯修减水坝的办法，在砀山至睢宁间的狭窄河道，有意增修减水坝，以保证黄淮水道的通畅。靳辅在治河方面继承潘季驯的方法，不外"筑坝以障其狂，减水以分其势，疏浚以速其宣"。在漕运问题上，专门新开一条名为"中河"的新河，以便利漕船往来。

靳辅对陈潢十分尊重，他在康熙巡阅河工时，专门向皇帝举荐，"通晓政事有一人，即陈潢，凡臣所经营，皆潢之计议"。靳辅的《治河方略》、陈潢的《河防述言》均成为后世治河的重要参考文献。

(2) 六次南巡河工重视查勘河源的康熙皇帝。清圣祖爱新觉罗·玄烨（公元 1654~1722 年），因年号"康熙"，史称"康熙皇帝"。康熙帝登基之后，也面临黄河失控，淮、运俱病的严重局面。他在对河防进行研究的基础上，认为黄淮交汇的清口是治理黄、淮、运的关键。自康熙二十三年（公元1684 年）至四十六年（公元 1707 年），他曾 6 次南巡河工，以苏北宿迁至淮安上下黄河河道、洪泽湖、高家堰及高邮上下运河河道为重点，在巡视途中随时指授治河方略，以达黄河深通、清水畅出、漕运无阻的目的。

康熙皇帝在巡视河工的过程中，他不但重视亲临现场询问耆老疾苦，及时总结好的经验加以推广，及时纠正劳民伤财的恶行，并及时罢免不称职的官吏。康熙皇帝还曾两次派人查勘黄河河源，可以说作为一个封建帝王，如此关注黄河及安危，在历史上是极为少见的。

（3）清代熟悉河工技术的"老坝工"郭大昌。郭大昌（公元1741~1815年），江苏淮安人。他长期钻研河务，熟悉河工技术，曾长期在淮扬道被聘为幕僚。乾隆三十九年（公元1774年），清江浦老坝口一带发生决口，时任江南河道总督的吴嗣爵专请郭大昌帮助堵口，原计划堵口需银50万两，工期约需

清康熙皇帝

50天，郭大昌在受命堵口后仅用20天时间，用银十万二千两，便如期完成堵口。郭大昌与当时的学者包世臣有较好的关系，他通过包世臣提出不少的治河见解，并被皇帝采纳，以至包世臣认为："神禹之后数千年而有潘氏（季驯），潘氏后百年而得陈君（潢），陈君后百年而得郭君。"郭大昌亦因深研河工技术，而有"老坝工"的雅称。

（4）治河有方、著述有方的清代河道总督黎世序。黎世序（？~1824年），初名承惠，字景和，号湛溪，河南罗山人。嘉庆年间任河道总督时，为解决淮安清江浦至云梯关河道的严重淤积，加强了高家堰和盱堰，移建仁、义、礼三坝坝址，填实旧坝，收洪泽之水，以达蓄清刷黄之效。他还提倡作束水对坝，沿堤积土备料，滩地广植柳树，使河防有备无患。黎世序

生前主编有长达 157 卷的《续行水金鉴》，汇集了清代前期康熙六十年至嘉庆二十三年的水利史料。他还著有《东南河渠提要》（120 卷）、《河上易注》（10 卷），以及《湛溪文集》（多卷）。

（5）倡用石料修河工的林则徐。林则徐（公元 1785~1850年），字元托，清福建侯官（今福州）人。道光十一年（公元1831 年）任河南山东河道总督。他认为河防关系运道民生，十分重要。他对用于防洪的料垛进行认真的检查，以防偷工减料。他还针对秸料埽的弱点，提出以"碎石斜分入水，铺作坦途，既可以偎护埽根，并可纾回溜势"。道光二十一年（公元1841 年），林则徐在遣送新疆戍边的途中，受命参与大学士王鼎主持的河南祥符（今开封）的堵口大工。他在一线督导堵口，"与士卒同畚锸"，终于完成了堵口大工。

四、通漕兴灌

1.漕运脉动

（1）黄河的航运可追溯到上古时期。《易经·系辞下》："黄帝刳木为舟，剡木为楫。"反映了舟船起源在黄帝时期。大禹时，"陆行载车，水行载舟"，也说明在大禹时舟船已成为重要的水运工具。甲骨文中，也有"涉河"的记载，无论是殷都迁徙，还是武王伐纣，都需要大量的舟船，这些都可以说明当时的黄河水运，已有较大规模。春秋时期，秦、晋之间的"泛舟之役"更从一个侧面反映了黄河水系航运的发达。而《禹贡》描述的正是战国时期，以黄河为中心的各个水道的联系情况，即使在青海以下的黄河上游地区都可以通船。

（2）两汉魏晋南北朝时期的漕运。西汉建都长安之后，为保证京城粮食供给，而由关东经黄河运送粮食，专门修建了替代渭河的长安漕渠，不仅避开了渭河曲折险峻的河段，也大大提高了输送京城的漕运能力。从《西京赋》与《二都赋》中描述的情况看，自渭河至汾河可以通楼船。东汉都城洛阳附近，开挖了引洛水、穿谷水、绕都城、注入鸿池陂的阳渠。在荥阳，也开挖了专供漕运用的汴渠，在水门的构造上也由木质改为石质，这种石门显然要较木门有所进步。曹魏时期，出于对全国统一的需要，曹氏父子先后开挖和疏浚了睢阳渠、枋头堰、平虏渠，以及贾侯渠、讨虏渠、广济渠、百尺渠等，从而构造了以黄河为中心的曹魏运渠。西晋时期，还对三门峡险滩进行了疏通与整治。十六国时，前秦为讨伐东晋，水陆并进，运漕万艘，反映当时的水运能力之强与规模之大。北魏时期，不仅开辟了黄河中游至薄骨律到沃野镇的黄河航道，在迁都洛阳后开辟了京城以东的东南航道，使河、汴的航运持续发挥了重要作用。

（3）隋唐五代时期的漕运。隋朝十分重视漕运工作，隋文帝继位之初便下令自大兴（今西安）城东至潼关，兴建广通渠，长达 150 公里。全国统一后，为使江淮一带的漕粮顺利到达京师，下诏对三门峡险段进行整治。隋炀帝则利用雄厚的国力，仅用 6 年改建了连接江、淮、河的通济渠，以及由黄河北达涿郡的永济渠，还有山阳渎、江南河等大型水道工程，从而形成以洛阳为中心，西通关中，南至余杭，北抵涿郡，长达 2500 余公里的水上运输线。可以说，这一方面创造了世界运河史上的奇迹；另一方面，也因沉重的劳役负担加速了隋王朝的灭亡。唐代主要是对河、汴运道进行改造和维修，以维系中央王朝的庞大消费。唐前期重点放在三门峡险段的整治；中期不仅修整了梁公堰（汴口堰），也在三门之险的北段开凿了"开元新河"；晚期则着力恢复分段漕运的制度，但因汴渠中断，江淮漕运最终断绝，也导致了李唐王朝的灭亡。五代时，各地独立，河、汴漕运陷于停顿状态。直到后周时，不仅疏浚了汴水和永济渠，基本形成了以开封为中心的水上运输网，也为北宋的统一奠定了基础。

（4）北宋金元时期的漕运。北宋以汴梁（今开封）为都，维系王朝消费品的主要来源仍在江淮。因此，加大了对汴河的修复与管理，仍采取了分段传输的方法，以提高漕运效率。但由于汴河的水源为黄河水，因此河道淤积问题愈加严重，于是在多次议论的基础上，在黄河南岸开凿了引洛水入汴的工程，这一工程虽然仅有河渠 65 公里，但在制控方面颇具匠心，较好地解决了河、洛、汴三者的关系，使北宋的水利技术水平达到了新的阶段。金代虽然也定都开封，但开封的水运地位已今非昔比。元代则定都大都（北京），但其主要消费品也多来源于江南，而水运则是其生命线。元朝建立后，陆续在今山东、河北地区开凿了济州河、会通河和通惠河，这条河虽然在元代并未发生较大的作用，但却为明清大运河的改建奠定了基础。

（5）明清时期的漕运。明清两个王朝定都北京，因此将南方的物资运送京城，也是当时十分重要的事情。自明成祖之后，开始了这项较大的工程。贯穿东部地区的这条大运河是把一系列河流和湖泊加以改造后连接而成。它南起杭州，通过江南运河、淮扬诸湖、黄河、会通河、卫河、白河、大通河，北达京城以东的通州大通桥，全长 1700 余公里。其中，在徐州以南至清河（黄、淮交汇处）间的黄河河段已成为大运河运道的组成部分，而黄河决口又直接影响了徐州以东至临清一段。明清时期的黄河治理，这一段也是重点。此外，在沟通西安与关东地区的联系时，尤其是救灾过程中，开封以西至三门峡的河道也发挥了一定的作用，但与定都在西安的汉唐王朝相比，其作用远不如昔。

2.引水灌溉

（1）先秦时期的黄河水利灌溉。早在大禹时期，因治理洪水、疏浚河道而形成了中国最早的灌溉之业。从甲骨文中也可以看到相关字形所表现的早期水利建设的痕迹，井田制的实行，其实也与黄淮平原的水资源利用有很大关系。东周时期，西门豹为魏国邺令时修凿的漳河十二渠，不仅使两岸的盐碱地得到改良，也为当地的农业发展发挥了较大作用。在秦国，由韩国人郑国主持修建了长达150余公里的郑国渠，这条渠是凿引泾水而到北洛水，发展灌溉，使渭北平原成为名副其实的粮仓。

(2) 秦汉魏晋南北朝的水利灌溉。在郑国渠的基础上，关中地区在利用泾、渭、洛三河水资源的基础上，兴建了不少水利灌溉工程。其中，汉武帝时修建的连接泾渭的白渠，全长100公里，它与郑国渠成为关中地区的骨干渠道，并称为郑白渠。因引洛河水灌田而知名的"井渠"，由于开渠过程中发现有兽骨化石，故又称为"龙首渠"。此外，还有在泾河下游修建的六辅渠，渭水中游的成国渠、灵轵渠、沣渠及蒙茏渠，共同构成了黄河中游关中地区的水系网络，直到东汉时期，这些水渠还继续发挥着较好的作用。由于东汉统治者的诏令，不仅在关中地区水利兴修蔚然成风，而且在晋南以及豫西北的汾河、沁河地区，也修建不少灌溉工程。在黄河上游的安定、北地、上郡、陇西、金城诸郡，农田灌溉事业也进一步兴旺起来。曹魏时期最重要的水利工程，是典农中郎将司马孚在河内地区重新修浚的引沁灌区，渠首位置大致就在今济源五龙口附近。该工程关键是口门的改造，"夹岸累石，结以为门，用代木枋门"。开封浚仪的淮阳渠、百尺渠将黄河与颍水连接起来，为黄淮平原的灌溉与防洪起到了一定的作用。西晋灭亡后，黄河流域陷入了战乱状态。不过，在前秦符坚时期，还一度整修了郑白渠。北魏时，在黄河上游地区今宁夏灵武的黄河西岸，开新渠40里，修旧渠80里，使周围4万余顷农田变成了水浇地。魏孝文帝登基之后，曾两次下诏令六镇、云中、河西、关内六郡，"各修水田，通灌溉"，从而使黄河上中游地区农业生产有了较大的发展。

（3）隋唐五代时期的水利灌溉。隋朝时间不长，但在京师的关中地区也兴建有永丰渠、普济渠、茂农渠、白渠以及金氏陂等。唐代十分重视农田水利建设，在中央的尚书省专设有水部，对著名的泾、渭、白渠，设有专职管理人员。在黄河上中游地区的关内道，不仅疏浚了郑白渠，而且还修建了太白、中白、南白3个支渠，从而扩大了灌溉面积。在汉代成国渠的基础上，兴建了六门堰，汇合了沣川、莫谷、香谷、武安四水，而且还灌溉了武功、兴平、咸阳、高陵等地的良田2万余顷，时人称其为升原渠或渭白渠。同州的古通灵陂的改造工程，灵州的特进渠、汉渠，丰州的咸阳、永清二渠，夏州的延化渠均为唐代关内道最著名的水利工程。河东道，则有太原的晋渠，文水的栅城渠，虞乡的涑水渠，闻喜的沙渠，尤其是德宗时期的凿汾引水灌溉工程，可以灌田达0.65万余公顷。而在东都洛阳附近，围绕伊、洛、沁、汴诸水以及黄河的灌溉工程，逐渐得到整修。河阳节度使温造"修枋口堰，役工四万，溉济源、河内、温县、武德、武陟五县田五千余顷"。实际上，唐代的水利兴修活动以"安史之乱"为转折点，唐末五代时期，大规模的水利兴修工程已基本没有。

（4）北宋金元时期的水利灌溉。北宋时期，在熙宁变法活动中，专列有《农田水利法》，从而使农田水利工程的修复进入一个新的阶段。据有关文献统计，在黄河流域共修建水利工程830多处，灌溉面积达13.28万顷以上。其中，关中地区的引泾三白渠的修复，得到了宋神宗的首肯，在北宋末年甚至动用了 75 万民工进行修浚，使关中 7 县的 2.5 万余顷田地得到灌溉，朝廷特赐名曰"丰利渠"。熙宁变法最重要的是，掀起了前所未有的引黄淤灌高潮，利用"淤灌之法"可以有效地将贫瘠土地改造为良田。因此，在王安石的倡导下，以及宋神宗的大力支持下，在不到 10 年的时间里，大规模的淤灌活动达 34 起之多。北宋的淤灌活动主要集中在开封府、晋西南与关中平原、黄河下游地区。由于淤灌的大规模开展，放淤的技术也大大提高，一方面更加注意对放淤区域进行人工控制；另一方面开始从黄河泥沙成分的变化入手，来确定放淤时间，以达到更有效地改良土地的目的。金代有关黄河水利工程的文献记载极少，但元代不仅修复了三白渠，元世祖忽必烈登基后还将重农业作为国策。在当时的河内地区及西夏地区，郭守敬主持修整了部分水利工程。

（5）明清时期的水利工程。明代黄河水利工程主要集中在上中游地区，主要有以下四个重点地区：一是宁夏黄河干流水利工程。该工程兴起于汉唐，明代重点是在黄河西岸的贺兰山旁修建一条渠道，在灵州金积山河口修建一条新渠，这样不仅扩大了灌溉面积，也促进了当地的农业生产。二是甘肃泾河水利工程。引泾灌区虽然由来已久，但至明代已年久失修，由明以后，修浚引泾工程不下数十次，洪渠堰，郑、白二渠，广惠渠，丰利渠等均为修浚对象。三是山西汾河水利工程。在汾河流域的十余个县均修浚了相当一批中小型水利工程，其中榆次县新开渠道 20 余条，著名的有万春渠、官甲口渠、杨村渠、张庆渠、永康渠等，引汾工程灌地 1300 余顷。四是河南沁河水利工程。引沁工程自曹魏以来不断修浚，明代仍名广济渠，主要修浚的水渠有通济河、广惠北河、广惠南河、广济河、普济河，使整个灌区更加完善。清代，甘青地区水利工程有较大发展，大夏河、庄浪河、洮河、大通河、泾河、渭河等黄河支流都兴修了水利工程，自明代开始的黄河大型轮式翻车，在清代的皋兰成一带又安架了百余架。狄道州（今甘肃临洮）、河州（今甘肃临夏）等地均成为农田灌溉工程较为发达的地区。宁夏水利，表现为灌溉渠道不仅规模大、浇地多，且渠系布设、水工建筑的修建也有独到之处。新增修的大清渠、惠农渠、昌润渠与唐徕、汉延二渠合称为河西五大渠。晋陕地区，在清代的水利工程方面处于低潮，虽然古老的水渠已无法引水，但泾、渭、汾河等黄河支流小水利工程星罗棋布，遍布各地。河南水利，在黄河及其支流伊、洛、沁等支流的灌溉事业也有不小的发展。河内（今河南沁阳）的引沁工程、丹水灌区有20余处之多，洛阳周围水利灌溉也有较大的发展。

五、民国治河

1.西方科技的引入

19世纪末和20世纪初，清政府推行"新政"，1872年首次派遣留学生到美国留学，1907年派遣留学生达到鼎盛时期，仅在日留学生即达一两万人之多。在这批精英中，不乏专修水利的人才，他们带来了西方水利科学的技术与理念，使传

统的治水工程与技术有了新的变化。其中最具代表性者，如李
仪祉（公元1882~1938年），陕西蒲城人，辛亥革命前后他两度
留学德国，由工木工程改攻水利工程，1915年归国后，他倡
导科学治水，不仅在家乡倡修水利，并出任国民政府的黄河水
利委员会委员长。其主要精力放在水利人才的培养上，创办陕
西水利道路工程学校、陕西水利专修班及水利民众学校，并兼
任西北大学校长；他还在电台上开设讲座，向农民普及水利知
识，培养了大批水利人才。在治黄问题上，他倡办《黄河水
利》、《水利》等月刊，并发表了《黄河之根本法商榷》、《黄
河治本的探讨》、《治理黄河工作纲要》、《治河略论》等论
著，成为我国近代水利与治黄事业的先驱。郑肇经（公元
1894~1989年），江苏泰兴人，他于1921年赴德留学后，广泛
收集黄河资料，并参加了黄河丁坝效应试验。李赋都（公元
1903~1984年），陕西蒲城人，他于20世纪20年代赴德国专修
水利，他与德国专家合作，主持黄河下游河道治导试验，并于
1933年12月参加筹建"天津第一水工试验所"，后出任所长，
为开创中国水工试验事业做出了贡献。与此同时，一些海外水
利专家关心研究黄河或到中国参与黄河治理。如近代河工界权
威——德国的恩格斯（公元1854~1945年）教授，研究黄河长
达30余年，出版《制驭黄河论》一书，主张治理黄河应致力
于"固定中水位河槽"。曾任美国土木工程师学会会长的费礼
门（公元1855~1932年）教授，是近代来华从事黄河研究的外
国专家之一。1919年他受聘来华考察黄河下游河道，并提出
了在黄河下游宽河道内筑一直线形新堤，以丁坝护之，以束窄
河槽，使河槽逐渐刷深的治理主张。1922年，他出版了一部用

现代科学方法研究黄河下游河道特性的名著《中国洪水问题》。德国汉诺威大学的方修斯（公元 1878~1936 年）教授，1929年受聘来中国从事淮河与黄河研究，他在《黄河及其治理》一文中认为，"黄河之所以为患，在于洪水河床过宽"。他还在汉诺威大学水工及土木试验场两次做黄河试验。美国专家罗德民（公元 1888~1974 年）受聘在南京金陵大学任教，后担任国民政府行政院顾问，他多次到河南、山西、陕西等省调查植被和水土流失情况，并在山西沁源等地建立径流泥沙测验小区，首次采用科学方法实地测定不同植被条件下的水土流失。挪威专家安立森（公元 1885 年~?），1919 年以后，长期在水利部门担任技术职务，他指导黄河水文站的安设工作，协助筹划泾渭渠的灌溉工程，参与制定了第一个《黄河水利委员会测绘规范》。并对 1933 年大洪水进行实地调查，计算出较为科学的数据。他首次提出"三门峡为一优良坝址"的观点。他共发表了数十篇治河论文，涉及水保、水文、测绘、水工等多个方面，是民国时期在中国工作时间最长的外国专家。

2.洪泛与防洪灌溉工程

自 1900 年至 1938 年的 38 年间，黄河决溢频繁。其中，1902 年的山东刘旺庄、1913 年的直隶濮阳双合岭、1921 年的山东利津宫家坝、1926 年的濮阳李升屯（今属山东甄城）和山东寿张黄花寺（今属梁山）、1933 年的河北长垣石头庄及 1935 年的甄城董庄等决口及相关的堵筑决口工程，是黄河河工的要务。尤其是 1933 年 8 月的洪泛，黄河中游普降暴雨，泾、渭、洛、汾、无定河等支流水位急剧上升，黄河干流陕县水文站出现了自 1919 年建站后有水文记载以来的最大洪水。8

月 10 日，洪水到达下游，京汉铁路大桥冲断，两岸堤防多处决口，仅临黄大堤决口就有 54 处之多。此次洪灾，受灾 66 县，面积8637 平方公里，受灾人口达 364 万余，伤亡 1.86 万人，财产损失 2.3 亿元（银元）。同年 9 月，国民政府专门成立了黄河水灾救济委员会，中央拨款 295 万元，国内及侨胞捐助 319 万元，共计 614 万元用于赈济灾民和堵口复堤工程。

由于科学的进步和国外新技术的引入，使黄河堵口技术、材料、施工设备和运输工具等都有很大发展，堵口的方法就有立堵、平堵和混合堵三种。如刘旺庄堵口采用合龙埽成功堵塞了决口；冯楼堵口，采用先铺柳石枕，再压石块，层层叠压筑坝向水中进堵的方法，最后下金门占堵合；董庄堵口，采用了柳石枕合龙，并在龙口前修柳石护坡。

在河防工程修缮方面，重点是黄河下游大堤的修筑。当时大堤北堤起自河南孟县至山东利津盐窝，长 680 公里；南堤起自河南郑州（郑县）宝合寨至山东利津宁海，长 570 公里，两堤合计长 1250 公里。其中，河南所辖河段，两岸共有埽工284处，而以石护坡或抛石护根者 114 处；山东所辖河段，计有险工 128 处，而石工坝岸 1500 余段，埽工坝段500 余段。1933年以前，各省所管的堤工、坝埽分别由各省筹款项培修。大的工程，如 1932 年山东培修长清南岸北店子至盖家沟，北岸南坦至辛庄两段大堤共 54 公里。1933 年以后，由黄河水利委员会统一修缮，大的工程由中央负责，一般工程则由地方筹款中央补贴的办法进行筹措。最大的一次工程是在 1935 年汛后，由中央拨出公债 105 万元，交豫、冀、鲁三省以险工为重点，包括埽工、护坡、挑水坝和透水柳坝等工程的修缮。其他还

杨虎城主政陕西时的关中灌区分布图

有，1934年山东培修范县至齐河的北岸大堤51公里，1935年培修河南滑县西河井至山东东阿陶城铺北岸大堤183公里。但是，由于治河未能统一进行，加上经费短缺，河工腐败，多处堤坝长期失修，因此每遇大水便造成多次决溢成灾。

民国时期的黄河灌溉水利工程，主要是20世纪30年代初杨虎城主持陕西政务期间，任用李仪祉主持水利建设时先后修建的泾惠、洛惠、渭惠等引水灌溉工程。其中泾惠渠为引黄河支流泾河水的大型灌溉工程，设计灌溉面积4万公顷，1932年通水后至今仍发挥作用。洛惠渠引黄河支流洛河水，分总干渠与中、东、西3条干渠，共长100公里，设计穿越5条隧洞，最长达3027米，由于工程量较大，直到新中国成立后才建成通水。抗战期间，傅作义将军兼任绥远省政府主席，由王文景任水利局局长，提出"治军与治水并重"的口号，向地方政府多次发放水利贷款，使河套灌区面积猛增。至1949年，黄河流域共有灌溉面积80万公顷。

3.国民政府黄河水利委员会成立

自 1902 年清政府正式裁撤河东河道总督，将河务工程交由冀、鲁、豫三省分管后，直到民国初期的若干年内，河务工程放任自流，尽管在北洋政府期间专门成立了顺直水利委员会，但黄河河务工作并未由专门机构统一管理。1933 年 4 月开始筹划成立黄河水利委员会，并特派李仪祉为委员长，王立瑜为副委员长，相关专家及沿河九省及江苏、安徽二省的建设厅厅长为委员，张含英为委员兼秘书长。6 月底，国民政府公布《黄河水利委员会组织法》，规定其隶属于国民政府，后改归行政院指挥、监督。9 月 1 日，黄河水利委员会正式成立，后由南京改迁开封。

李仪祉为国民政府黄河水利委员会第一任委员长，他在 1933 年 9 月至 1935 年 10 月的任期内，拟定各项规章制度，加强治黄的基础工作，运用现代水利科技，对黄河进行广泛的勘测研究，制定治黄方略和工作计划，并全面培修了黄河北金堤。他认为，黄河的病源在泥沙，强调上、中、下游要统一治理，应把治黄重点放在西北黄土高原上，提倡治理黄河与发展当地的农、林、牧、副业生产相结合。对于防洪，他筹划三条出路：一是疏浚下游河槽；二是修建支流拦洪库；三是开辟减水河。他还主张整治河道，发展黄河航运。

4.花园口事件与黄河南泛

为阻止日军西犯，国民党于 1938 年 6 月 9 日，在郑州花园口扒开黄河南大堤，制造了震惊中外的黄河花园口扒口事件。

1938 年 5 月 19 日，日军攻占徐州，30 日已逼近开封，郑州危急，武汉震动。蒋介石亲令在中牟以北黄河堤岸选择三个地点掘堤放水,以阻隔日军西进与南进。6月上旬,受命执行任务的国民党39军新编第8师在花园口决堤并以炮轰等形式,使黄河主流正式向东南方向流动,到8月初,决口口门已宽达400米,黄河东南流不仅使中牟的邵桥、史家堤、汪家堤等23个村庄荡然无存。东南流向的黄河分作两股,一股沿贾鲁河经中牟、尉氏、扶沟、西华、周口,入颍河至安徽阜阳入淮河;另一股则由中牟经通许、太康、柘城,顺涡河至安徽亳县,由怀远入淮,部分水向西折至西淝河,经凤台入淮。汇流的黄淮河水经洪泽湖、高邮湖,又穿运河入长江归海,自此黄河南流,夺淮自江入海历时9年之久。

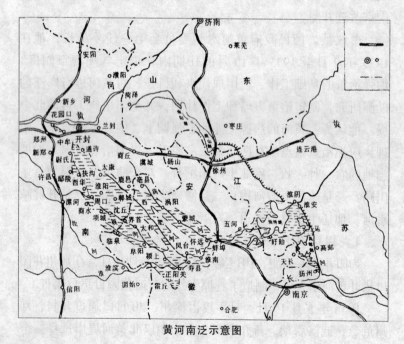

黄河南泛示意图

　　扒决黄河，并未能阻止日军的行动，武汉相继失守，国民党正面战场则节节溃败。但河水泛滥之处，"人畜无由逃避，尽逐波臣；财物田庐，悉付流水。当时澎湃动地，呼号震天，其悲骇惨痛之状，实有未忍溯想。间多攀树登屋，浮木乘舟，以侥幸不死，因而保全余生，大都缺衣乏食，魄荡魂惊。其辗转外徙者，又以饥馁煎迫，疾病侵寻，往往横尸道路，亦皆九死一生。艰辛备历，不为溺鬼，尽成流民"（摘自《河南省黄泛区灾况纪实》）。据统计，黄河南泛，波及豫、皖、苏三省44个县(市)，长约400公里，宽30~80公里，计29万平方公里，酿成1200万人受灾、391万人流离失所、89万人死亡的空前灾难。

　　黄河南泛，所到之处"堆积黄土浅者数尺，深者逾丈，昔日房屋、庙宇、土岗已多堆入土中，甚至屋脊也不可见"，"整个黄泛区，满目芦茅丛柳，广袤可达数十里"。仅洪泽湖淤沙即约3.6亿吨，全湖淤高1~2米。据统计，在黄河南泛的9年时间里，黄河下游输沙量为150.8亿吨，其中有100多亿吨泥沙带进黄泛区。泛流河道成了天然的"军事分界线"，日军占领河东，国民党控制河西，两岸先后修筑东西堤防，以防泛水，国民党提出"民防"与"军防"相兼，力图"以黄制敌"。但由于新修堤防标准较低，每遇黄淮洪水，决堤频繁，险象丛生。自1940~1946年间，除1941年未决口外，其他各年共决口泛滥59处，口门宽由数十米至数百米，最宽者达4000米。可以说，黄河的每次决口都给两岸人民带来了较大的灾难。

第六章
辉煌黄河

一、治河新篇

1.人民治黄的开端

(1) 黄河归故。1946年初，围绕黄河归故，国共两党之间展开了多轮谈判。其历史背景是，抗战胜利之后，在黄河故道，除济南、开封等少数大城市为国民党占据外，故道的大部分地区已成为解放区，这里沃野千里，是重要的粮食补给之地。蒋介石集团为了有效牵制解放区的军事力量，以"复兴救国"为幌子，提出要堵复花园口的黄河大堤口门，使黄河回归故道，并以此淹没和分割属于人民的解放区。

中国共产党从大局出发，一方面同意堵口，另一方面提出先复堤，迁移故道居民后再进行堵口的合理主张。1946年2月，国民党当局成立了花园口黄河堵口复堤工程局。3月1日开始堵口，并计划在汛前完工。与此同时，冀鲁豫边区政府也于2月22日在山东成立了治黄委员会，并在沿线各地成立了修防处、修防段。从1946年4月开始，国共双方、联合国善后救济总署等有关方面，围绕堵口复堤程序、工程粮款、河床居民迁移费等事宜，先后进行了开封、菏泽、南京、上海等多次艰难谈判，签订了一系列协议。这些协议迟滞了花园口堵口工程，为解放区赢得了一定的复堤时间，并争取到了一批款项、物资。但是国民党并无诚意执行这些协议，而是一再违约加快花园口堵口进程，企图配合军事需要，尽早实现堵口合龙。解放区军民、国内舆论对此多次予以强烈抗议、批评。中共中央也一再发表声明，谴责国民党当局的倒行逆施。与此同时，解放区动员 40 万民工，完成土方近 3000 万立方米，进行了大堤复堤工程。但国民党当局仍于 6 月 23 日单

花园口堵口纪念亭

方在花园口堵口抛石合龙。由于技术原因，7 月上旬第一次堵口宣告失败。以后屡堵屡败，后来改进了施工方法，采用立堵法技术，直到 1947 年 3 月 15 日，堵口合龙成功，黄河终于完全回归故道。由于堵口时间的延缓，最大程度地保护了边区人民的利益和安全，从而完成了"反蒋治黄"斗争的伟大胜利，揭开了人民治黄的新篇章。

(2) 新中国成立前开启的人民治黄的序曲。自 1946 年初至 1949 年 10 月新中国正式建立之前，在进行艰苦卓绝的解放战争的同时，也开启了人民治黄的序曲。1947 年 3 月，冀鲁豫解放区黄河水利委员会召开了治黄工作会议，明确提出了"确保临黄、固守金堤、不准决口"的第一个治黄方针。尽管其提出的角度出于政治的考虑，但也极大地鼓舞了解放区人民"反

蒋治黄"斗争的热情。在动员数十万民工进行修堤整险工程的同时，还动员群众收集复堤用的砖石材料，在汛前共完成修堤土方 500 多万立方米，整修残破不堪的险工埽坝 479 道，砖石护岸 559 段，从而取得了黄河归故后第一个伏秋大汛的胜利。

在短短的 3 年时间里，在历经高村抢险、大樊堵口、抢修大堤、贯台抢险等一次次与黄河洪水的搏斗中，人民治黄不断地锻炼了队伍、积累了经验、完善了组织，也取得了信心。尤其是 1949 年 7 月至 9 月，在 40 万抗洪抢险大军的艰苦努力下，胜利地战胜了当年的特大洪水，从而为新中国的建立献上了一份厚礼。

2.基础工作的建设

(1) 黄委会及其相关机构的设置。独立治黄机构的设置，是人民治黄工作取得成绩的组织保证。黄河治理开发的组织机构为黄河水利委员会（简称"黄委会"），其前身为 1946 年 2 月成立的冀鲁豫边区政府治河委员会。在 60 年的治河历程中，治黄机构不断完善，职责更加明确，队伍不断壮大，使黄河的治理与开发走上了正确轨道。根据 1994 年水利部办公厅下发的有关文件，明确了黄河水利委员会的主要职责为：黄河水利委员会是水利部在黄河流域和新疆、内蒙古内陆河范围内的派出机构，国家授权其在流域内和上述范围内行使水行政管理职能。按照统一管理和分级管理的原则，统一管理本流域水资源及河道。负责流域的综合治理，开发管理具有控制性的重要水利枢纽工程，搞好规划、管理、协调、监督、服务，促进江河治理水资源综合开发、利用和保护。

黄河水利委员会总部设在郑州，为副部级单位。黄委会机关部门有办公室、总工办、规划计划局、水政局、水资源管理与调度局、财务局、人事劳动教育局、国际合作与科技局、建设与管理局、水土保持局、防汛办公室、监察局、审计局、离退休职工管理局、直属机关党委、黄河工会等。

委属单位有设在济南的山东黄河河务局、设在西安的黄河上中游管理局、设在三门峡的三门峡水利枢纽管理局（黄河明珠集团）、设在兰州的黑河流域管理局、设在渭南的黄河小北干流陕西河务局、设在运城的黄河小北干流山西河务局，以及设在郑州的河南黄河河务局、水文局、黄河流域水资源保护局、黄河设计公司、经济发展管理局、黄河服务中心、水利科学研究院、黄河中心医院、移民局、新闻宣传出版中心、信息中心、黄河档案馆、黄河中学等。在黄河下游豫、鲁二省，沿河的省、市、县，均设有河务局。水文局、水资源保护局下设有上游、中游、下游、三门峡库区、河南、山东共5个正处级的水政水资源局。黄河上中游管理局，下设天水、西峰、绥德共3个水土保持监督治理局及晋陕蒙接壤地区监督局。

(2) 制定第一部黄河综合治理开发规划。1950年1月25日，水利部转发政务院水字1号令：黄河水利委员会原为山东、平原、河南三省治黄联合性组织，为统筹规划全河水利事业，决定将黄河水利委员会改为流域性机构，所有山东、平原、河南三省之黄河河务机构，应即统归黄河水利委员会直接领导，并仍受各该省人民政府之指导。政务院令正式明确了黄河水利委员会的机构性质和管理范围，自此，黄河治理由分区治理走向全流域统一治理。为使整体治理具有科学性，由黄委会统一组织对黄河治理进行总体规划，并进行了前期的大量准备工作。自 1950~1954 年，黄委会组织了 32 个查勘队对黄河流域进行全面查勘。1952 年 8 月，专门组织了 60 人的黄河河源查勘队，辗转数千里对河源地区进行全面勘察，确定黄河发源于雅合拉达河泽山以东的约古宗列盆地，其真正的源头为玛曲。在对干支流进行的数十次查勘活动中，对涉及上中游干流开发、下游防洪建设、引黄灌溉等问题作为查勘重点。初步认定龙羊峡、李家峡、刘家峡、盐锅峡、青铜峡等 14 处可以建坝的地点。对中游地区系列水库的开发方式提出了合理建议，在对下游河势查勘的基础上提出了工程修建意见，对主要支流水土流失的严重性有了新的认识。在实地查勘的同时，还对已经积累的水文、测绘、地质勘测和泥沙研究等资料进行收集、整编，通过黄河历史洪水调查与研究，确定有史料记载最大的洪水为 1843 年，陕县站可达 36000 立方米每秒洪水。完成了较为详备的黄河河道地形全图。初步进行了黄河泥沙来源、特性及河道冲淤测验分析的相关报告。此外，还开展了防洪、灌溉、水土保持及水力发电方面的专项研究。尤其在防洪经验的积累上，初步形成了加固大堤可以抵御一般洪水，修建蓄滞洪区可以抵御异常洪水，干流上修建水库可以从根本上控制洪水灾害的三点基本认识。

1952 年黄委会主任王化云在《关于黄河治理方略的意见》中提出聘请苏联水利专家帮助制定治黄规划的意见后，经水利部报中央批准，将根治黄河列入苏联对华援助的 156 个工程项目。在相关部委的协调及苏联专家的指导下，自 1954 年 2 月集中 170 余名专业技术人员着手规划编制工作，同年 12 月 23 日，完成了《黄河综合利用规划技术经济报告》。该报告分总述、灌溉、动能、水土保持、水工、航运、对今后勘测设计工作和科学研究工作方向的意见、结论共 8 卷 20 万字。这次规划的主要任务是，不但要从根本上治理黄河的水害，而且要同时制止黄河流域的水土流失和消除黄河流域的旱灾，尤其是要充分利用黄河的水利资源来进行灌溉、发电和通航，来促进农业、工业和运输业的发展，治理的最终目的是从根本上改变黄河流域的面貌，满足未来整个国民经济发展对黄河水资源的要求。报告提出了第一期工程的开发项目，其中重点的工程项目有三门峡和刘家峡水利枢纽。王化云主任在总结这部规划时，指出了其为历代治黄方略所无法比拟的四个显著特点：一是以全流域为研究对象，统筹规划，全面治理，综合开发，为治黄史上的一大进步。二是强调了除害与兴利的结合，克服了以往消极除害的片面观点，要在除害的同时充分利用黄河水资源兴利。三是突出了综合利用的原则，拟订方案时，以投资最少、效益最优及满足国民经济各有关部门的综合要求为原则。四是强调对水和泥沙要加以控制和利用，而不是单纯依靠排的方式。这部规划尽管在具体的设计方面还有不尽人意的地方，但开启了黄河综合开发利用的新篇章。1955 年 7 月，在第一届全国人民代表大会第二次会议上审议通过，成为新中国人民治黄的纲领性文件。

(3) 基础性的专门研究工作。黄河治理是一项十分复杂的系统性工程，水文与泥沙研究及相关的观测、勘察、规划与设计工作，是所有实际工作的基础。

水文观测以测取水深、流速、流量、含沙量等基本数据，积累资料，以此探索黄河水沙运行规律为主要职责。黄河流域

利用汽船进行水文测验

现有水文站 451 个、水位站 62 处、雨量站2357 处，形成了系统科学的水文站网，建立了水文情报预报系统。在及时、准确地测报各类洪水，大量积累水文测验资料，深入分析研究径流、洪水、泥沙、冰情以及水质等演变规律方面取得了较大成效。其中水文观测的手段不断更新，观测技术不断提高，黄河水文职工研制的适合黄河支流洪水暴涨暴落特性的电动升降式缆车，得到了世界气象组织的肯定。随着水文测验设备的改进，水文测报和水情预报的质量与精度不断提高。而设立在郑州市区北的花园口水文站，为下游黄河防汛的标准站，担负着为国家防总、黄河防总收集水文信息、提供水沙情报预报的重任。

黄河治理的关键是泥沙问题。黄河泥沙研究已取得突破性进展：陕东北、晋西北与内蒙古东南部地区约10万平方公里的粗沙来源区，已明确为黄土高原治理重点地区。黄土高原水土流失最严重的丘陵沟壑区与高原沟壑区，在长期观测、试验、总结、分析的基础上，提出了具体的防治措施。在调水调沙、提高下游河道输送泥沙的能力，以及在泥沙利用上诸如筑坝淤地、放淤固堤、改良土壤等方面均取得了许多成就。

在黄河勘测规划设计方面，经过长期的实地勘察，以及长期的积累，完成了基本水平控制测量、高程控制测量、各种比例尺地图测绘、水利水电工程测量及综合地图和专题地图测量等项目，并于1989年完成了多学科的《黄河流域地图集》。《黄河流域地图集》是我国第一部大型综合江河地图集，以测图为主，图、文、彩照、统计图表相结合，全面反映了黄河测绘的最新成果。在规划方面，除完成第一部黄河规划外，还完成了《黄河治理开发规划纲要》、《黄河治理开发规划报告》等百项黄河干支流规划和专题规划。为黄河的总体开发与治理奠定了良好的基础。在设计方面，数十年来在黄河干支流上设计完成了三盛公水利枢纽、巴家嘴水库、陆浑水库、人民胜利渠、位山引水闸、渠村分洪闸、天桥水电站、石砭峪定向爆破堆石坝等十项大中型水电工程项目，在黄河的防洪、灌溉、发电、供水等方面发挥了重要作用。

3.党和政府领导的关怀

(1) 要把黄河的事情办好。在新中国成立之初百废待兴之际，毛泽东主席将第一次出京巡视的目标锁定为黄河。1952年10月，毛泽东主席乘专列南下，在徐州、兰考、开封、新乡等地视察。他不仅听取了黄委会的专题汇报，而且对兰考东坝头决口改道处、开封北郊柳园口的悬河险段、人民胜利渠渠首闸等重要地点进行重点考察。毛泽东主席对黄河有过精辟的认识，他曾说过："这个世界上，什么都可以藐视，就是不可以藐视黄河；藐视黄河，就是藐视我们这个民族啊。"在这次视察中，他发出了"要把黄河的事情办好"的号召。在这之后，他还针对治理黄河，做出了系列批文，从而极大鼓舞了治黄大军的士气，成为沿黄军民改变黄河面貌的巨大精神动力。

(2) 黄河的事情我挂帅。新中国首任总理周恩来是人民治黄的奠基人。在他担任总理的 27 年间，多次参与主持了黄河重大问题的决策。在他的关怀下，将根治黄河列入苏联援建的156 个工程项目。在三门峡水利枢纽工程的建设与改建过程中，在 1958 年特大洪水的抗洪第一线都留下了他的思想轨迹与脚步。即使在"文革"的特殊历史时期里，他指示群众组织代表进京，并亲自协调解决黄河安全度汛的问题。周恩来以及刘少奇、朱德、董必武、陈云、彭德怀等老一辈无产阶级革命家，都曾关注黄河的安危，关注黄河的治理与开发。

(3) 黄河防御还要增加经费。作为第二代领导集体核心的邓小平同志，在刚从动乱中复苏、百废待兴的关键时刻，将黄河的安危摆在了重要的议事日程。1981 年，当他得知黄河防洪工程预算情况后，专门批示："黄河防御 22000 立方米每秒洪水问题，每年 5000 万元不行，还要增加经费。"在当时许多工程下马或缓建的情况下，黄河防洪工程建设投资反而增加，反映了邓小平同志关注黄河治理的英明决策与务实风尚。

(4) 让黄河变害为利，为中华民族造福。这是我党第三代领导集体核心的江泽民总书记为黄河治理工作的题词。江泽民同志十分关注黄河的治理与开发，他在 1991 年 2 月，冒着严寒视察了黄河小浪底工程坝址、郑州与开封黄河大堤险段，观看了黄委会水利科学研究院关于花园口至东坝头河道模型试验，听取了相关汇报。他指示要进一步把黄河的事情办好，为国民经济建设提供良好的安定环境。1996 年 6 月，江泽民同志专门视察了建设中的小浪底工地，并指示要把小浪底工地建成爱国主义教育基地。1999 年 6 月，江泽民同志从壶口开始，经三门峡、洛阳，到郑州、济南以及东营的黄河入海口，行程数千公里。他在郑州亲自主持召开了黄河治理开发工作座谈会，发表了"让黄河为中华民族造福"的重要讲话，从战略高度为黄河治理指明了方向。李鹏、朱镕基、乔石、李瑞环、胡锦涛等中央领导均曾亲临视察黄河，并对黄河治理与开发做出重要指示。

2007 年 5 月 1 日，中共中央总书记、国家主席、中央军委主席胡锦涛在河南考察期间，专程来到黄河花园口，考察黄河标准化堤防建设，了解黄河治理开发的进展和变化，并向陪同的黄河水利委员会负责同志嘱托："去年纪念人民治黄 60 周年时我曾经讲过，黄河是中华民族的母亲河，黄河治理事关我国现代化建设全局，关系亿万人民的安康。黄河水多了不行，少了也不行，脏了不行，泥沙多了也不行。一定要加强统一管理和统一调度，标本兼治，综合治理，进一步把黄河的事情办好，让黄河更好地造福中华民族。"可以说历届领导集体对治黄工作的关怀和支持，是人民治黄工作取得伟大成就的重要保证与精神动力的关键所在。

二、岁岁安澜

1.战胜下游大洪水

(1) 1949 年的大洪水。在新中国成立前夕的 1949 年 7 月至 9 月，黄河下游地区共出现了 7 次洪峰，最大的 1 次洪峰发生在 9 月 14 日，花园口水文站观测的洪峰流量为 12300 立方米每秒，流量在 1 万立方米每秒以上的持续时间长达 49 个小时。当时由于黄河归故时间较短，下游堤坝抗洪能力不强，从 7 月份开始，堤坝不断出现险情，9 月份开始东坝头以下河段全部漫滩，黄河洪水离堤顶仅 1 米，甚至有的仅 0.2 米。平原省所属的北岸堤坝漏洞达 220 余处，山东省堤坝漏洞达 580 余处，堤坝出险 1465 处。为战胜这次洪水，平原省组成了 15 万人的抢险大军，山东省则组成了 20 万人的抢险大军，经过 40 多天的日夜顽强奋战，终于战胜了黄河归故后的首次大洪水，为新中国的成立献上了一份厚礼。

(2) 1958 年的大洪水。自 1958 年 7 月至 8 月各地不断降雨，仅在暴雨中心的山西垣曲 12 小时的降雨量达 249 毫米。黄河下游出现 5000 立方米每秒以上的洪峰 13 次，10000 立方米每秒以上的洪峰 5 次，7 月 17 日出现了 22300 立方米每秒有实测记录以来的最大洪峰量。洪水发生后，紧急动员豫、鲁两省 200 万防汛大军上堤防守，周恩来总理也亲临防汛前线指挥抗洪斗争，经过 8 天 8 夜的连续战斗，终于将洪水安全送入大海。

(3) 1982 年的大洪水。1982 年为枯水枯沙年，但在 7 月 29 日至 8 月 2 日，三门峡至花园口干支流区间普降暴雨和大暴雨，花园口站出现了 15300 立方米每秒的洪水，受淹滩区村庄 1303 个，受灾人口 93 万余，淹没耕地 14.5 万公顷。但在沿黄 30 万军民经过 10 个昼夜的共同努力下，辅以东平湖水库分洪，终于使洪水安全入海。

(4) 1996 年的大洪水。发生在当年的 7 月下旬与 8 月上旬，尤其 8 月在花园口站出现了 7600 立方米每秒和 5520 立方米每秒的两次洪峰，这次洪水"流量小、水位高、灾情重、出险多"，使豫、鲁两省滩区几乎全部上水受淹，淹没面积达 22.87 万公顷，平均水深 1.7 米，最深达 6 米。有 40 个县、173 个乡镇、1345 个村庄、107 万人受灾，倒塌房屋 11.59 万间，受淹面积 19.4 万公顷，直接经济损失 43.259 亿元。

2.建立防洪工程体系

(1) 防洪工程体系与方略。黄河防洪关键在下游，主要目标是确保大堤不决口，特大洪水时也要采取一切措施尽量减少损失。在防止黄河洪水决口泛滥方面，依据"上拦下排，两岸

三门峡黄河水利枢纽工程

分滞"的防洪方略建立起一系列的防御工程，初步形成了黄河防洪工程体系。上拦工程，主要是指干支流的三门峡水库、陆浑与故县水库以及黄河小浪底水利枢纽工程。其中，三门峡水库为其骨干工程，主要控制三门峡以上的洪水，防洪库容达60亿立方米。陆浑水库建在伊河之上，可控制伊河流域面积的57.9%，总库容达13.2亿立方米。故县水库位于洛河中游，控制流域面积5370平方公里，总库容达11.75亿立方米。二者可以与三门峡水库以及新近生效的小浪底水库结合，形成有效的拦洪屏障，为下游大堤的安全起到拦洪削峰的关键作用。下排工程，主要作用是保证洪水经下游河道通畅到达入海口，其重点为大堤的安全。新中国成立以来，国家投入大量的人力、物力，对下游两岸长达1400公里的大堤进行了4次全面的加高培厚。还修建控导护滩工程200处、坝岸3700多道，完成土石方量约16亿立方米，相当于建造起15座万里长城，从而缩小了下游河道的游荡范围，基本稳定了河势，减轻了洪水冲决堤坝的危险。分滞洪工程，也是保证大局安全的关键性措施。东平湖水库，总库容达40亿立方米。北金堤滞洪区，有效库容也达20亿立方米。此外，还有北岸齐河展宽、南岸垦利展宽等工程，均为确保黄河大堤安全度汛的重要性工程。

(2) 非工程防洪措施。防汛组织是防洪的重要动员系统。整个防汛系统，由国家防汛抗旱总指挥部领导，黄河防汛总指挥部由黄委会负责人及晋、陕、豫、鲁四省负责人担任，办公室设在黄委会。总指挥为河南省省长，常务副总指挥为黄委会主任，其余三省的主管副省长为副总指挥。各市、县成立相应的组织，以县级河务局的工程队员为主体的专业防汛机动队伍以及以农村青壮年劳力为主，约 200 万人的群众防汛队伍。他们与中国人民解放军共同构成了黄河防汛的三支主力队伍。水文情况预报系统包括流域报汛站网、信息传输及信息处理三个部分。水情报汛依靠水情信息自动接收处理系统进行自动化处理。20 世纪 90 年代，已基本形成以郑州为中心、覆盖下游沿黄各地的黄河防汛专用通信网，尤其是卫星通信系统，极大地提高了防汛通信能力。

三、水土保持

1.水土保持治理模式

水土保持是治本工程，是确保黄河岁岁安澜的长远大计。水土保持的治理模式主要是"以小流域为单元，以治沟骨干工程为重点，山、水、田、林、路统一规划，沟坡兼治，治理与开发相结合，工程措施与植物措施相结合，生态效益、社会效益、经济效益协调发展"，以达到综合治理的目的。在黄土高塬沟壑区，针对其崩塌、滑塌、陷穴、泻溜等重力侵蚀严重的水土流失特点，突出"保塬固沟，以沟养塬"的原则，形成以条田埝地为核心，田、路、渠、林网、拦蓄工程相配套的塬面综合防护体系；以营林营草为主，工程措施与林草措施相结合的坡面防护体系；以坝库工程为主，坝库工程与林草措施相结合的沟道防护体系。在黄土丘陵沟壑区，针对其坡陡沟深、面蚀与沟蚀均为严重的特点，形成以防沙固土为主的梁峁顶防护体系，以及以拦蓄降水与保持水土为主的梁峁坡防护体系，以防止溯源侵蚀的峁缘线防护体系，以造林种草、护土固坡为主的沟坡防护体系，以打坝淤地、水土流而不失为目的的沟底防护体系。在风沙区，如针对沙土，大面积造林造草，发展林牧副业；或引水拉沙造田，发展沙产业，防止沙丘漫延的同时增加粮食生产。对碱地滩地，则采取降低地下水位的同时，种草或压客土，以进行土地改良，或通过"马槽井"发展小片水地。在土石山区，通过修建基本农田，以恢复林草植被，从而大力发展林特土产、畜牧业等多种经营。

2.综合性水土流失治理

在县域水土流失治理方面，黄河中上游地区至少有50个县已列为重点治理项目区，占水土流失重点县的36%。其治理特点为，以小流域为单元，以县域为单位，按项目管理，实行集中连片、规模治理。在支流水土流失治理方面，重点治理河口镇至延水关之间的支流区，无定河的支流红柳河、芦河、大

陕西米脂高西沟水平梯田

理河和清涧河、延河、北洛河及泾河支流马莲河河源区，渭河上游北岸支流葫芦河中下游和散渡河地区，均取得了较为明显的效果。在小流域治理方面，由单纯的防护型治理向开发性治理转变，治理与开发相结合，把治理水土流失与群众脱贫致富奔小康有机地结合起来，涌现了河南灵宝庙底沟流域、甘肃泾川凤凰沟流域、山西岢岚石塔沟流域、内蒙古乌审旗东沟流域、山西清徐白石沟流域等治理典型，为综合性水土流失治理起到了示范作用。

3.水土保持工作效益

黄土高原水土流失地区从开始的小流域治理，到采用水坠坝、定向爆破筑坝、机修梯田等新的水土保持措施；从农田承包小流域综合治理，到引入使用权拍卖、租赁、股份制合作等多种经济形式；从以"退耕还林"为标志的生态工程建设，到重点建设黄土高原地区淤地坝工程。截至2005年底，黄土高原水土流失综合治理面积累计达到21.5万平方公里，其中，基本农田5272918公顷，水保林9461252公顷，经济果林1963557公顷，人工种草3493798公顷，封禁治理1314567公顷；建成小型水保工程176万座（处）；建成淤地坝12.2万座，其中骨干坝2708座，中小型坝11.93万座。

经过几十年的治理，初步形成了以基本农田建设、植被建设、沟道工程为主的三大治理措施体系，有效地治理了水土流失，为发展农业生产、提高人民群众生活、改善生态环境，创造了有利条件。黄河流域重点治理区，通过小流域治理的面积已达70%以上，已经成为当地发展农林牧副业基地，如被国家列入重点水土保持治理区的无定河和皇甫川流域，在1983年开始治理的 160 多条小流域中，先后出现了 116 个小康村。

水土保持工作还有效减少了入黄泥沙。无定河流域在 20 世纪 60 年代以前，年平均输沙量为 2.25 亿吨，80 年代以后，年均输沙量仅为 0.65 亿吨。20 世纪 70 年代以来，黄土高原水土流失带来的入黄泥沙年均减少 3 亿吨左右，占黄河多年平均输沙量的 18.8%，减缓了黄河下游河床的淤积抬高速度。老一代科学家和治黄工作者通过多年的研究探索，进一步摸清了黄土高原水土流失的自然规律，发现对黄河下游河道淤积影响最大的是粗泥沙，并提出了多沙粗沙的主要来源区。在此基础上，黄委会界定了 7.86 万平方公里多沙粗沙区，为进一步突出重点，加快治理步伐，显著减少入黄泥沙特别是粗泥沙，黄委会进一步研究提出了 1.88 万平方公里的粗泥沙集中来源区，明确了重点治理方向，为今后大力开展以沟道坝系工程建设为主的水土保持综合治理工作，奠定了坚实的基础。

四、灌溉供水

1.引黄灌溉

1949 年以前，黄河流域灌溉面积仅有 1200 万亩，多数灌区设施简陋，工程不配套。新中国成立后，流域灌溉事业飞速发展。宁、蒙、汾、渭等古老灌区通过改建、整修，焕发出勃勃生机，各级排水系统逐步完善。青铜峡、三盛公等大型水利枢纽的修建，结束了当地无坝引水的历史，灌溉保证率显著提高。高扬程电力提水灌溉工程，解决了黄土高原沿河地区干旱缺水问题，促进了经济的发展。黄河下游地区，通过建设引黄涵闸、虹吸工程等，发展了豫鲁新灌区。截至 2000 年，黄河流域建成大、中、小型水库及塘堰坝等蓄水工程 10100 座，总库容约 720 亿立方米；引水工程约 9860 处，提水工程约 23600 处。下游修建引黄涵闸 96 座，建成万亩以上灌区 100 多处，每年平均引水 100 亿立方米左右。经过半个多世纪的建设，引黄灌溉面积达到 1.1 亿亩，许多地方成为典型示范灌区和我国重要的粮棉生产基地，不仅如此，引黄灌溉还取得了明显的生态效益，一些荒漠变成了良田，成为防风固沙的天然屏障。

2.重要灌区

宁蒙灌区，系大家所熟悉的"河套地区"，引黄灌溉历史十分悠久，经过数十年的发展，其引黄灌溉面积已由新中国成立前的 12.7 万公顷发展到 1995 年的 41.3 万公顷。已建"万亩"以上灌区 110 处，设计引水能力达 1600 立方米每秒，实

美丽富饶的宁夏平原区

灌面积 106.7 万公顷，整个灌区已成为全国十大商品粮生产基地。关中灌区，引水灌溉历史十分悠久，主要包括西安、宝鸡、咸阳、渭南、铜川 5 个市的 54 个县（市、区），其中 2 万公顷以上的大型灌区有 6 个，占陕西黄河流域灌溉面积的 50% 左右，所提供的商品粮占全省的 70% 以上，瓜果蔬菜则占全省的 2/3 左右。汾渭灌区，已建成大、中型水库 15 座，总库容达 13 亿立方米，建成大中型灌区 60 余处，有效灌溉面积达46.7 万公顷，2 万公顷以上的灌区有 4 处，灌溉面积 18.7 万公顷。在黄河上中游地区，较为著名的引黄灌溉工程有甘肃的引大入秦工程、宁夏固海扬水工程、联结宁陕甘三省的盐环定多级电力提灌工程，山西芮城大禹渡高扬程提灌工程，内蒙古三盛公水利枢纽引水工程，山西尊村提灌工程等，为当地农业的发展创造了极佳的条件。黄河下游引黄灌溉事业成绩斐然。截至 20 世纪 90 年代中期，共建成"万亩"以上引黄灌溉区 98处，2 万公顷以上灌区 32 处，有效补源面积 218 万公顷，平均每年引水量达 100 亿立方米左右。重要的引黄灌溉工程有山东利津引黄放淤涵洞、河南新乡的人民胜利渠、河南兰考三义寨灌溉工程、河南开封柳园口引黄闸、山东平阴田山提灌工程、山东齐河潘庄灌区、山东博兴打渔张引黄灌渠等，昔日的黄河两岸盐碱地，已成为全国最重要的商品粮棉生产基地。据统计，自 1950 年至 1995 年，黄河流域片农业灌溉工程累计投入 419 亿余元，依 1995 年现价记为 4513.23 亿元。沿黄地区生态环境有了明显的改善，农业生产条件有了十分明显的改观，昔日的沙丘盐碱地已成为水利条件十分便利的良田。在母亲河的滋润下，沿黄农村和农业不断崛起与发展。

3.城镇供水

（1）沿黄及流域城市用水。黄河是北方最大的水资源补给线。长期以来，担负城市及工业用水的范围包括西宁、兰州、银川、呼和浩特、太原、西安、郑州、济南8个省会城市，以及天水、石嘴山、包头、乌海、榆次、临汾、宝鸡、咸阳、铜川、延安、三门峡、洛阳、新乡、开封、泰安、滨州、东营等共50余座大中城市、420个县（市、旗）。包头钢铁稀土公司、中国长城铝业公司、中原油田、胜利油田等大型工矿企业和能源基地的工业用水也引自黄河。其中，以1990年为例，向西宁供水8140万立方米、呼和浩特供水7843万立方米、西安供水3亿立方米、郑州供水近2亿立方米，可以说，这些城市的发展离不开黄河水资源的利用。据1995年统计，当年全河城市和工业取用黄河水量达29.25亿立方米，耗水量达17.35亿立方米。因此，黄河水资源的利用是涉及国民经济整体发展的战略问题，必须给予高度重视。

（2）跨流域城市供水。引黄济津工程，是黄河跨流域供水的重要项目。天津是国内知名的工业城市，城市供水一直十分紧张。20世纪70年代以来，通过引黄济津工程，先后9次向天津市远距离应急供水，输水量达50亿立方米，有效地缓解了天津地区的用水紧张问题。引黄济青工程，也是黄河水向域外城市青岛供水的重要项目。自1986年开工，投资10亿元，用3年时间完工后，基本解决了青岛的城市用水问题。自1989年至20世纪90年代末，已累计向青岛供水18.45亿立方米，为青岛的发展创造了条件。可以说，黄河流域内外城市及工业用水，至1995年由供水工程所产生的直接经济效益已达

1700 亿元，为国民经济的总体发展、国家整体利益的保证做出了巨大贡献。

五、水电开发

黄河干流峡谷众多，落差大，水力资源极为丰富，理论蕴藏量居全国七大江河第二位，且具有良好的开发条件。新中国成立后，黄河干流水电资源得到高度开发。截至 2005 年底，黄河干流已建、在建水电站 25 座，总装机容量 1724.54 万千瓦。已经建成的水电站有龙羊峡、尼那、李家峡、直岗拉卡、刘家峡、公伯峡、苏只、盐锅峡、青铜峡、八盘峡、小峡、大峡、沙坡头、三盛公、万家寨、天桥、三门峡、小浪底等 18 座水电站，总装机容量 1226.54 万千瓦。正在建设的 7 座水电站包括拉西瓦、康扬、黄丰、积石峡、炳灵、龙口、西霞院，总装机容量 498 万千瓦。龙羊峡、李家峡、刘家峡、盐锅峡、八盘峡、青铜峡等尚有 10 余座水电站组成了中国目前最大的体积水电群。据 2004 年统计，黄河干流累计发电 4544 亿千瓦时，直接经济效益达 2000 多亿元，有力地促进了流域经济的发展。

1.三门峡水利枢纽

被誉为"万里黄河第一坝"的三门峡水利枢纽工程是我国在黄河干流修建的第一座大型水利枢纽，位于黄河中游下段的中条山和崤山，连接晋豫两省，控制流域面积 68.87 万平方公里，占黄河总流域面积的 92%。1954 年黄河规划委员会在苏联专家组帮助下对所作黄河流域规划中，把三门峡工程列为根除黄河水害开发黄河水利最重要的综合利用水利枢纽，并推荐为第一期工程，随同黄河流域规划在 1955 年第一届人大第二次会议上得到通过。后即委托苏联彼得格勒设计院进行设计，1957 年初完成初步设计。工程于 1957 年 4 月开工，由水利部和电力工业部共同组成的三门峡工程局负责施工，1960 年大坝基本建成，主坝为混凝土重力坝，全长 713.2 米，最大坝高 106 米。1961 年 4 月三门峡水利枢纽投入运用，由于库区泥沙严重淤积，威胁渭河关中平原和西安市的安全，经过 1965 年、1970 年两次改建、增容，又经过"蓄水排沙"（1960 年 9 月~1962 年 3 月）、"滞洪排沙"（1962 年 4 月~1973 年 10 月）、"蓄清排浑"（1973 年 11 月至今），三种运用方式的探索实践过程，在防洪、防凌、灌溉、供水、发电等方面发挥了显著作用，产生了巨大的社会效益。"蓄清排浑"运用方式的成功探索，还为小浪底、三峡等大型水利枢纽工程建设提供了宝贵的经验。三门峡水利枢纽目前总装机容量为 41 万千瓦，335 米高程以下有效库容可长期保持在 60 亿立方米。

2. 小浪底水利枢纽

（1）黄河防洪最具战略意义的工程。小浪底工程位于河南省洛阳市以北 40 公里的黄河干流上，上距三门峡水利枢纽 130 公里，是中游峡谷的最后出口，也是三门峡以下唯一能够取得较大库容的控制性工程。由于技术复杂，施工难度大，现场管理关系复杂，移民安置困难多，被国际水利学界视为世界水利工程史上最具挑战性的项目之一，被称为"世纪工程"。1991 年 4 月，第七届全国人大四次会议批准在"八五"期间兴建。1991 年 9 月，前期工程开始建设，1994 年 9 月主体工程开工，1997 年 10 月截流，2000 年 1 月首台机组并网发电，2001 年底，主体工程全面完工，历时 11 年，共完成土石方挖

黄河小浪底水利枢纽

填 9478 万立方米，混凝土 348 万立方米，钢结构 3 万吨，安置移民 20 万人，取得了工期提前，投资节约，质量优良的好成绩，被世界银行誉为该行与发展中国家合作项目的典范，在国际国内赢得了广泛赞誉。

黄河小浪底工程总投资概算 347.46 亿元，整个工程由拦河大坝、泄洪排沙建筑物、引水发电建筑物三部分组成。大坝坝顶长度 1667 米，最大坝高 160 米，底宽达 800 余米，为壤土斜心墙堆石坝。根据黄河多泥沙的特点以及工程地形地质特点，泄洪排沙发电共设计 15 条隧洞，全部集中布置在左岸山体中。水电总装机容量 180 万千瓦，年均发电 58.4 亿千瓦。小浪底工程总库容 126.5 亿立方米，有效库容 51 亿立方米。可控制流域面积 69.4 万平方公里，占黄河流域总面积的

92.3%，控制径流量和输沙量分别占全河总量的89%和近100%。小浪底工程的主要任务是以防洪、防凌、减淤为主，兼顾供水、灌溉、发电、蓄清排浑、除害兴利、综合利用。黄河小浪底与三门峡、陆浑、故县等干支流水库联合运用，可以在百年一遇的洪水时，不使用东平湖滞洪区，从而避免16.7万公顷耕地、140多万人口和中原油田的巨大淹没损失。可以使千年一遇的洪水削减为百年一遇的洪水，从而大大缓解下游的防洪压力。在减轻下游河道的淤积和断流方面，也具有重大作用。

（2）工程建设最具国际意义的工程。小浪底工程最大的特点为"国际性"，从资金来源、管理模式到参与工程的建设者中有来自世界各地50多个国家和地区的700余名外国人参加，都体现了这是一个在中国水利建设史上的全新的模式。

在资金来源和管理方面，小浪底工程在筹集资金时，大胆实践，争取世界银行（简称世行）贷款共10亿美元，在机电设备利用出口信贷1.09亿美元。利用世行贷款必须在世行成员国内就贷款项目进行国际招标，招标范围为土建工程，即大坝、泄洪排沙系统、引水发电系统三部分，还有机电设备招标，其招标程序依照国际惯例进行，并采用国际咨询工程师联合会土木工程施工合同条件，由专门成立的小浪底工程咨询有限公司，作为独立的监理工程师单位对工程进行全面监理和咨询。由于招标单位为三家外国承包商，其工程、劳务的分包又有中、外方单位，因此形成中、外方之间相互交叉与复杂的合同链。在全面实践"业主负责制"、"招标投标制"与"建设监理制"这种新型的建设管理模式的过程中，合同管理成为工程建设管理工作的核心。建设管理单位，在实践中克服传统管理思路的惯性，改进合同管理方式。尤其在合同实施过程中，因工程、社会等因素导致的"施工索赔"问题上，工程管理单位由索赔到反索赔，不仅保证了工期，也节约了成本，而最关键的则是取得了与国际对接的经验。

在施工技术与国际工程的管理方面，也取得了重要收获。小浪底大坝工程，采用了高水平的、配套科学的联合机械化施工，创下了日填筑 6.75 万立方米的企业新纪录，也使大坝填筑水平位居全国同类坝型第一位，位居世界先进水平。在泄洪系统的工程中，在不足 1 平方公里、地质情况十分复杂的山体内开挖 16 条大跨径隧洞，并采用了多种新的施工工艺与技术，创造了"世界水工史上的奇迹"。在施工过程中，小浪底建设单位集中购置 44 套大型施工设备，租赁给各施工单位使用，创立了具有中国特色的国际工程设备租赁的新模式。这一举措，与用于重大技术咨询的小浪底工程技术委员会的设立，项目业主总工程师负责制的确立，以及优势互补的 OTFF 联营体的建立，为工程保质保量按时完工，产生了积极而重要的作用。

（3）移民安置最具成功意义的工程。小浪底工程移民项目，包括施工区移民、库区移民与专项工程 3 个部分，移民人口 20.14 万，补偿金 90.3 亿元，涉及河南、山西两省的 16 个县（市），为仅次于三峡工程的移民项目，其规模之大、矛盾之集中、政策性之强，为水工移民史上少见，因此难度也很大。其关键是设立了卓有成效的移民管理体制，形成了以水利部为主管、小浪底水利枢纽建设管理局为业主，下设移民局负责日常事务，并与相关县、市的移民单位形成一个整体的网络，以业主管理、两省包干负责为核心，设计、监测、监理单位共同参与的"五位一体"的管理机制。移民工作，围绕"迁得出、住得下、安得稳"的工作目标，坚持大农业安置为主，如以河南为例大农业安置达83%，而非农业安置仅17%。尽管非农安置比例较少，也创造了农村移民安置城镇化的新模式，使移民的整体生活水平，以及各方面的条件都较以前有较大改观。小浪底工程移民安置工作，不仅受到了世行的高度评价，也为国内的水利工程移民工作提供了有益的启示和借鉴。总的来说，小浪底工程建设，不但在各个方面卓有成效，也是黄河治理与开发的重要里程碑。

3.其他重要的水利枢纽

（1）龙羊峡水利枢纽。位于青海省共和县境内，距西宁146公里，处于黄河上游第一梯级水电站，故有"龙头"电站之称。龙羊峡大坝控制流域面积13.14万平方公里。其以发电为主，兼顾防洪、防凌、灌溉、养殖等功能。其坝高178米，库容247亿立方米，总装机容量128万千瓦，年均发电量59.42亿千瓦时。龙羊峡以坝体最高、库容最大、单机容量最大而著称。1987年9月29日，首台机组并网发电。

（2）刘家峡水利枢纽。位于甘肃永靖县境内，是我国自行设计和建设的第一座100万千瓦以上的大型水电站，1958年9月开始兴建，1974年全部建成，其以发电为主，兼有防洪、灌溉、防凌、供水、养殖等功能。其坝高147米，总库容57亿立方米，总装机容量122.5万千瓦，年均发电量57亿千瓦时，比1949年以前旧中国全年发电量还多。该枢纽不但可以解除兰州百年一遇大洪水，而且综合效益也十分明显。

（3）青铜峡水电站。位于宁夏回族自治区境内，1978 年全部建成投产，其以发电为主，兼顾防凌、防洪与城市供水。大坝全长 687.3 米，最大坝高 42.7 米，总库容 6.06 亿立方米，为宁夏电网中唯一的水电调频调峰电站。

（4）拉西瓦水电站。位于青海省贵德县与贵南县交界的黄河干流上，是黄河上游龙羊峡至青铜峡河段规划的大中型水电站中紧接龙羊峡水电站的第二个梯级电站。电站距上游龙羊峡 32.8 公里（河道距离），距下游李家峡水电站 73 公里，距青海省西宁市公路里程为 134 公里，距下游贵德县城 25 公里，对外交通便利。拉西瓦水电站装机容量 420 千瓦，是黄河流域规模最大、电量最多、经济效益良好的水电站，是"西电东送"北通道的骨干电源，也是实现西北水火电"打捆"送往华北电网的战略性工程。电站建成后主要承担西北电网调峰和事故备用，在支撑即将实施的西北电网 750 千伏超高压输电网架、实现西北电网向华北电网输电中起着其他电站不可替代的作用。

六、南水北调

1.世纪壮举

2002 年 12 月 27 日，世界上规模最大的调水工程：举世瞩目的南水北调开工典礼在北京、山东与江苏三地同时举行，江泽民总书记致信祝贺，朱镕基总理宣布开工。南水北调已由梦想逐渐成为现实。

中国是个水资源相对短缺的国家，水资源总量虽然有 28000 亿立方米，但因人口众多，人均水资源占有量仅有 2195

立方米，约为世界平均值的 1／4。而且南方水多，北方水少，黄淮海地区人均水资源只有 462 立方米，仅为全国平均数的 1／5，为世界平均水平的 1／16，已成为水资源与经济社会发展最不适应、水资源供需矛盾最突出、缺水最严重的地区。为解决水资源短缺的矛盾，主要可以采取节水、挖潜、治污、管理、调水等若干形式，其中仅以节水为例，即使把所有合理可行的节水挖潜措施都用到极致，到 2010 年，黄淮海地区仍有200多亿立方米的用水缺口，远远超出当地水资源的承载能力。因此，实施南水北调，实现水资源合理配置、彻底解决北方水资源严重短缺的局面，对推动经济结构的战略性调整、改善生态环境、提高人民群众的生活水平、增强综合国力，具有十分重大的意义。

2.战略决策

早在 1952 年 10 月，当毛泽东主席在听取黄委会主任王化云关于引江济黄的设想汇报时说："南方水多，北方水少，如有可能，借点水来也是可能的。"由此揭开了南水北调西线工程规划研究的序幕。同年，黄委会首次组织专业人员查勘从通天河引入黄河源头的路线，先后多次提出了相关的建议报告与规划，并有 5000 余人深入到青藏高原进行查勘与考察，取得了大量的基础性资料，有的人也因此受伤致残，甚至献出了生命。数十年来，各级人大代表、政协委员提了大量的提案与建议，社会各界民众来信来电，对南水北调工程提出建议或咨询相关问题。仅自 1999年至 2001 年，调水局收到各县群众来信610 封、咨询电话400 余个。工程技术界积极参与，提出了100 余个各类南水北调工程技术的设想与方案。自2000 年 9

月，国务院召开了南水北调工程座谈会，明确提出南水北调工程要遵循"先节水后调水，先治污后通水，先环保后用水"的"三先三后"基本原则以来，水利部先后举行了 95 次专家座谈会、咨询会与审查会，先后与会专家达 6000 余人次，并建立了严密的办事程序，形成不同层面上反馈专家意见的机制，以确保决策的科学性与民主性。中国科学院、中国工程院、中国农业科学院、中国水利水电科学研究院、中国环境规划院、清华大学、河海大学、长江勘察规划设计研究院、黄河水利委员会勘察规划设计研究院、淮河水利委员会设计院等数十家科研、规划单位与高校参与了工程的前期工作。在对 50 余个规划方案分析对比的基础上，形成了南水北调东线、中线、西线三条线路调水的基本方案。

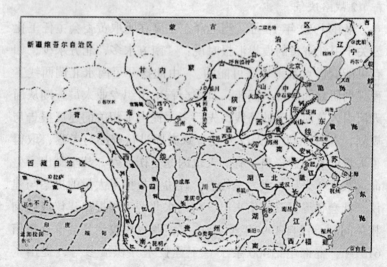

南水北调线路示意图

3.宏观布局

围绕《南水北调工程总体规划》，讨论最多、争议最大的是总体布局、建设规模、东线水质及节水与调水的关系等四大问题。最终，形成的东、中、西三条调水路线，将长江、淮河、黄河、海河四大江河相互联结，从而构成我国水资源"四横三纵、南北调配、东西互济"的总体格局，从而形成满足我国国民经济总体发展需要的大水网。东线工程是利用现有的江苏省江水北调工程，逐步扩大调水规模并延长输水路线。其从长江下游扬州江都抽引长江水，利用京杭大运河及其平行的河道，逐级提水北送，并连接起调蓄作用的洪泽湖、骆马湖、南四湖、东平湖。东线工程主要向黄淮海平原东部和胶东半岛供水，从长江到天津的输水主干线长度为1156公里，从东平湖到引黄济青节制闸的胶东输水干线长度为240公里，总调水规模148亿立方米，其中一期工程调水89亿立方米。中线工程远期是从长江中游引水，近期是从长江支流汉江引水，即从丹江口水库陶岔渠首闸引水，沿唐白河流域和黄淮海平原西部边缘开挖渠道，经河南南阳过白河，跨方城垭口分水岭，由河南郑州以西的荥阳穿过黄河，沿京广铁路线西侧北上，穿永定河进入北京市区的团城湖，全长1276公里，从总干渠西黑山处分水至天津外环河的天津干线长约156公里。中线工程可自流供水给黄淮海大部分地区，其总调水规模130亿立方米，其中一期工程调水75亿立方米。西线工程是在长江上游通天河、支流雅砻江和大渡河上游筑坝建库，开凿穿过长江与黄河的分水岭巴颜喀拉山的输水隧洞，调长江水入黄河上游。西线工程主要为黄河上中游的西北地区补水，其调水规模170亿立方米，其中一期调水 80 亿立方米。

4.工程进展

自 2002 年 12 月 23 日国务院正式批复《南水北调工程总体规划》,并于同年的 12 月 27 日正式开工,2003 年 8 月国务院南水北调工程建设委员会正式成立,整个工程正在紧锣密鼓地进行当中。东线工程突出的重点是治污,其中南四湖(南阳湖、独山湖、微山湖、昭阳湖四个相互贯通的湖)与东平湖地区已成为东线污染最为突出的地区。山东与江苏两省,"十五"期间在治污方面投入大量资金,并将南水北调工程作为调整产业结构、转变经济增长方式、大力发展节水农业与生态农业的良好契机。东线工程一期工程已进入全面施工阶段,济平干渠工程、三阳河—潼河—宝应站工程、刘山泵站、解台泵站、万年闸泵站、淮阴三站、蔺家坝泵站、江都泵站改造工程等均在建设中,确保一期工程于 2007 年通水的目标按时实现。中线工程不仅仅是大规模跨流域调水的水利工程,更是一项宏伟的生态环境工程、经济与社会工程。中线工程可以为经济社会可持续发展提供水资源保证,可以直接拉动经济增长,促进受水区产业结构调整,可以增加就业机会,进一步推动城市化进程,有利于缓解"三农"问题,进一步增强农业发展的后劲。中线工程一期工程正在全面提速,京石段供水工程、丹江口大坝加高工程、穿黄工程等项目正在建设中,力争 2010 年将甘甜的汉江水送进北京。可以说,南水北调东、中线一期工程,将给黄淮平原增加供水近 130 亿立方米,其中黄河以北的海河平原可增加供水近 68 亿立方米,通过合理配置,可从挤占的水资源中还原农业 15 亿立方米,同时向水源区附近增供 22 亿立方米，并且地下水年超采量将减少 36 亿立方米。工程将直接为受水地区城市工业和生活、农业及航运补充水源，对受水地区社会稳定、生产发展、人民生活水平提高、生态环境改善等都有直接和长远的效益。东、中线一期工程的实施，年均直接经济效益接近 550 亿元。

七、继往开来

1.人民治黄的主要收获

（1）基本经验。六十年来，人民治黄取得巨大成就，其基本经验主要有四条：第一，领导重视是关键。早在新中国成立之初，毛泽东主席首次外出视察便选择了黄河，并发出了"要把黄河的事情办好"的号召。周恩来、刘少奇、朱德、邓小平、陈云、彭德怀等老一辈无产阶级革命家都曾亲临黄河视察，极大地推动了治黄事业的发展。江泽民、李鹏、朱镕基等党和国家领导也都多次视察黄河，对治理黄河做出了重要批示。进入新世纪以来，胡锦涛同志于 2003 年，专程视察黄河防汛工作并慰问滩区受灾群众，充分体现了黄河治理与开发在国家整体工作中的重要性。党和政府十分重视黄河治理工作，早在新中国成立之初百废待兴之时，在中共中央政治局、国务院专题研究的基础上，全国人大一届二次会议通过了《关于根治黄河水害和开发黄河水利的综合规划》这一治理与开发黄河的纲领性文件。进入新世纪以来，国务院先后出台了《关于加快黄河治理开发若干重大问题的意见》、《黄河近期重点治理开发规划》、《黄河水量调度条例》等法规性文件，这些均是"黄河安危，事关大局"的具体体现，也是黄河治理取得巨大成就的关键所在。第二，广泛参与是根本。历史的经验告诉人们"黄河宁，天下平"。但黄河安宁的根本，是人民群众主动的广泛参与。在人民治黄的整个过程中，人民群众已成为治理黄河的主力军，人民群众、部队官兵与专业治黄队伍的有机结合，构成了人民治黄大军的主体。形成防汛指挥的有效机制与网络，实施行政首长负责制，从而使黄河防汛大军做到"召之即来，来之能战，战之能胜"。第三，科技创新是动力。人民治黄取得成就的动力是科学规划与科技创新。自20世纪50年代以来，围绕黄河治理与开发，先后完成并出台了《黄河治理开发规划纲要》、《黄河流域防洪规划》、《黄土高原地区水土保持淤地坝规划》、《"数字黄河"工程规划》等数以百计的干支流规划与专项规划，为科学治理与开发黄河，相继提出了"根治黄河水害，开发黄河水利"、"上拦下排，两岸分滞"、"拦、排、放、调、挖"等治黄方略，以及"防治结合，保护优先，强化治理"的治理黄河水土流失的基本思路。这些都是立足于科学研究基础之上的治黄思想，是对黄河治理认识逐步深化的具体体现。在黄河泥沙、堤防加固、水情观测等基础研究、应用研究及技术研究等方面所取得的大量成果，加深了对黄河基本规律的认识，提升了治理黄河的技术手段，提高了黄河治理与开发管理的决策水平，成为黄河治理逐步深化的强大动力。第四，国际接轨是方向。黄河治理是一个国际性的课题，新中国成立之初，中国与苏联的专家进行了有效的合作，这种合作对三门峡工程的建设具有重要意义，当然也存在着某些需要总结的经验。小浪底工程的建设，采用了与国际接轨的思路，在工程建设与工程管理上走出了一条新路。可以说，黄河治理的复杂性决定了黄河问题的国际性，必须加快国际交流的步伐，使黄河的科学研究与管理水平再上一个新台阶。

（2）主要认识。通过六十年来的人民治黄的伟大实践，使我们加深了对黄河治理与开发的认识水平，主要收获为：一是黄河治理的基本性。黄河的治理从古到今，都是关系到国家安危、社会安定的基础性工作，黄河所处的位置，尤其是下游地区穿越的黄淮海平原地区，对于我国国民经济的总体战略布局具有重要意义。其周边地区常常又是国家的政治中心所在，因此对黄河的治理必须从全局发展的宏观战略高度加以认识，人民治黄六十年之所以始终得到党和政府的高度重视，其关键在于黄河治理的基础性。二是黄河治理的艰巨性。黄河治理十分复杂，黄河治理不仅涉及水的问题，更涉及沙的问题，即水少沙多、水沙不协调、河道淤积量大，悬河形势严峻。因此，减少入黄泥沙、有效控制下游河床淤积抬高，是黄河治理的关键性问题，也是一个复杂的系统工程。这种复杂性，也决定了黄河治理的艰巨性与长期性，必须对黄河治理的这个特点有一个清醒的认识，并做好充分的思想准备。三是黄河治理的系统性。黄河治理涉及方方面面，必须坚持系统性原则，用系统工程的方法，认真考量每一个治黄方略的科学性与合理性。要将黄河防洪与泥沙治理、黄河防洪与经济发展、黄河防洪与社会稳定、黄河防洪与环境改善放在一个大系统内进行协调。从而形成和实现黄河治理的内部要素、黄河治理的外部环境、黄河治理的近期与长期的统一，以便把握好全局，寻找出重点，使黄河治理开发成为一个系统的整体。四是黄河治理的统一性。黄河的治理与管理，要坚持科学发展观，实现人与河流的和谐相处，必须坚持经济社会发展与资源、环境的相互协调与水资源的承载能力相适应。要有一盘棋的观念，对黄河水资源实行统一管理、统一调度，以保证水资源的永续利用。

（3）存在问题。一是黄河安澜中的隐忧意识。在人民治黄的六十年历史中，黄河安澜度汛。但是，由于下游河道仍然继续淤高，在某些地方甚至形成了主槽高于滩面，滩面又高于两岸地面的"二级悬河"的严峻形势，河道的过流能力大大减小，防御洪水能力明显减弱。两岸堤防干线长、隐患多、培修任务加重。由于迁安救护难度大，黄河北金堤滞洪区内的145万人，东平湖水库库区的28万人，三门峡库区返回的10余万移民，以及下游滩区的169万人，还受到较大的洪水威胁。水文、通信防洪预案、群众队伍等防洪非工程措施还不够完善。这些均造成黄河安澜中的隐患，要有清醒的认识，时刻保持忧患意识。二是水量供需矛盾尖锐。自20世纪90年代以来，黄河断流日益频繁，其下游断流的频次、天数、河段长度均呈增长趋势。这一方面反映我国水资源供需矛盾在这一地区已十分尖锐，经济、社会与自然环境的矛盾日益激化。黄河断流，不仅不利于防洪，也将对这一地区经济社会的发展产生直接影响。三是水质污染正在日益加剧。由于流域社会经济发展以及水污染防治与水资源保护相互间不相协调，水资源保护法规不健全，管理措施不得力，因而黄河水质情况不容乐观。全流域废污水排放量已由20世纪80年代的每年21.7亿吨，发展到90年代的每年41.7亿吨。黄河流域内结构性工业污染突出、城市污水处理水平较低、面源污染影响日渐显著。近年来，流域内水污染事件频发，在甘肃兰州、内蒙古包头段黄河干流以及

渭河、伊洛河等主要支流相继发生过重大污染事件。2005 年黄河流域废污水排放量已达 43.5 亿吨，与 1980 年相比，几乎翻了一番，黄河干支流 60%左右的功能区不能满足其水质标准要求，水生态系统日趋恶化，水污染已对流域经济社会的可持续发展和饮水安全构成了严重威胁。四是水土流失治理任重道远。黄河治理的关键在泥沙，泥沙不治，黄河不治。水土保持工作尽管取得了较大成绩，但因投资严重不足，治理进度极为缓慢，治理标准不高，工程老化严重，水保意识淡薄，科技含量偏低。因此，水土保持工作仍是黄河治理中的重中之重。

2.新世纪治黄工作的展望

（1）"十五"期间的主要工作。一是确立了"维持黄河健康生命"治河新理念。2004 年，黄委会围绕水利部提出的"从传统水利向现代水利、可持续发展水利转变，以水资源可持续利用支持经济社会可持续发展"的治水新思路，在总结长期治河实践经验的基础上，提出了"维持黄河健康生命"的治河新理念，以此为中心构建了"1493"治河体系。即以"维持黄河健康生命"为黄河开发与管理的终极目标；"堤防不决口，河道不断流，污染不超标，河床不抬高"为体现其终极目标的四个主要标志，并通过九条治理途径得以实现；"三条黄河"建设是确保各条治理途径科学有效的基本手段。这一新的治河体系，从化解黄河生存危机出发，以实现人与河流和谐相处为目标，将水少沙多、水沙不协调与经济社会发展、生态环境要求不适应作为分析和解决黄河问题的突破口，以现代科技手段为支撑，为今后黄河治理开发与管理确立了方向和目标。二是确保防汛安全，成功开展了黄河调水调沙试验与生产运用。

"十五"期间，局部地区暴雨洪水时有发生。如 2003 年发生了近 20 年以来历时最长、洪峰流量最大的秋汛；2003~2004 年度，凌汛期封河长度达到 1545 公里，为新中国成立以来最长；2001 年、2004 年汛期，东平湖水库多次超过警戒水位；2005 年渭河、伊洛河再次发生秋汛。面对紧张的防洪形势，以及"二级悬河"严重，过洪能力低等问题，采取了"四库联合调度运用方式"，大大减轻了下游的防洪压力，确保了人民生命财产安全。自 2002 年开始，连续在黄河上开展了以小浪底水库为核心的调水调沙实践，包括三次试验和四次生产运行。七次调水调沙期间入海总水量 250 亿立方米，黄河下游主槽实现全线冲刷，累计冲刷泥沙 3 亿吨，总计有 4.8 亿吨泥沙输送入海。通过水库拦沙和调水调沙，下游河道主槽行洪排沙能力显著提高，最小平滩流量由 2002 年汛前的 1800 立方米每秒提高到 3700 立方米每秒，有些地方甚至超过 3800 立方米每秒以上，水库及河道形态得到调整。通过调水调沙，还进一步深化了对黄河水沙运动规律的认识，特别是通过多库联合调度，成功塑造人工异重流，为多沙河流水库水沙联合调度积累了宝贵的有益经验。三是优化配置、科学调度，强化了水资源管理与保护。2001~2005 年，黄河平均天然径流量约 428 亿立方米，比多年均值偏少三成，水资源供需矛盾突出。黄委会采取多种措施，对水资源进行优化配置、科学调度，保证了沿黄地区城乡居民的生活用水，最大限度地满足了工农业用水。自 1999 年实行黄河水量统一调度以来，黄河已连续八年不断流，自 20 世纪 70 年代以来，黄河断流加剧的局面基本被遏制。在此期间，还多次实施"引黄济津"、"引黄济青"等跨流域调水。

2006 年，还首次实施了"引黄济淀"应急生态调水。白洋淀是华北地区最大的淡水湖泊，总面积 366 平方公里，有"华北明珠"之誉。由于华北北部干旱少雨，造成河北省严重缺水，白洋淀水位低于海拔 6.5 米的干淀水位。为缓解白洋淀地区干旱缺水状况，保护淀区生态和环境，保障淀区及周边群众生活、生产用水安全，根据国家防总部署，2006 年 11 月 24 日，首次引黄济淀应急生态调水正式开始。此次调水是在黄河来水偏枯三成以上，骨干水库蓄水不足，流域大部分地区遭遇秋冬连旱，水资源供需缺口大、供需矛盾十分紧张的情况下进行的，由于严格实施水资源统一管理和统一调度，"引黄济淀"圆满成功，共从黄河取水 4.79 亿立方米。截至 2007 年 2 月 28 日零时，进入河北省的黄河水总量 3.4 亿立方米，为白洋淀补水 0.95 亿立方米，白洋淀水位升高 0.88 米。在位山闸关闭后，渠道内仍有部分蓄水将注入白洋淀，白洋淀补水量将达 1 亿立方米。衡水湖、大浪淀在前期"引黄济淀"过程中还分别补水 0.65 亿立方米、0.69 亿立方米。此外，加强对黑河水资源的统一管理与调度，向黑河下游地区分水 52.86 亿立方米，使东居延海形成了 1958 年以来最大的水面，使 19 条支流总长约 1105 公里的河道得以浸润，使下游濒危的生态系统得到逐步恢复。同时，还加大了水资源的保护力度，建立重大水污染事件应急反应机制，及时应对了甘肃兰州河段、内蒙古包头河段等 10 余起重大水污染事件。四是加强黄河防洪基础设施建设，下游标准化堤防一期工程全面完成。下游标准化堤防是集防洪保障线、抢险交通线和生态景观线于一体的重要防洪工程。一期工程为黄河南岸的堤身帮宽、放淤固堤、防工加高改建、修筑坝顶道路、建设防浪林与生态防护林等项目。经过有关施工单位的努力，共完成工程长度287.16公里、土方1.26亿立方米、石方69.18万立方米，迁安人口2.34万。2006年12月10日、25日，建设总长度340多公里、总投资达40亿元的黄河下游第二期标准化堤防相继在山东章丘、河南武陟开工建设。整个"十五"期间，国家对黄河治理的投资力度为125亿元，为"九五"期间的1.7倍，相当于1950年至2000年投资额度的总和。"十五"期间，共加高下游大堤566公里，加固堤防381公里，硬化堤顶道路560公里，新建和续建河道整治工程1380道坝垛，总计完成土方5亿立方米、石方500万立方米，使黄河防洪能力得到了显著提高。五是水土保持生态建设取得新进展，多举措处理黄河粗泥沙。加快构筑控制黄河粗泥沙的"三道防线"：即以多沙粗沙区为重点，本着"先粗后细"的原则，以淤地坝建设为主要工程手段，进行水土流失综合治理，尽量减少进入黄河的粗泥沙。利用黄河干流骨干工程的死库容拦沙，通过实行"拦粗泄细"，减少进入中下游河道的粗泥沙。依靠小北干流广阔的滩区放淤，通过"淤粗排细"，进一步拦截进入小浪底库区和黄河下游的粗泥沙。"十五"期间，进一步界定黄河粗泥沙集中来源区，集中资金，加大对水土流失的治理力度，形成了以淤地坝为水土流失治理的"亮点工程"，实现了由分散治理向突出重点、集中规模治理的转变，共建成淤地坝1.25万座，水土流失初步治理面积达6.5万平方公里，水土保持生态建设取得了新进展。六是大力推进"三条黄河"建设。与"原型黄河"治理的同时，以《"数字黄河"工程规划》为指导，先后建设了黄河防汛调度中心、黄河水量总调度中心、水文情报预报中心、水资源保护监控中心、水土保持监控中心；投入使用了黄河水情信息查询及会商系统、黄河水量调度管理系统、办公自动化和黄河网等一大批应用系统；基本建成了水文数据库、实时水雨情数据库，黄河下游工情险情数据库等治黄信息网络传输与共享系统；先后颁布了30余项"数字黄河"工程标准和20项管理办法，保证了"数字黄河"工程建设顺利有序进行。依照水利部批复的《"模型黄河"工程规划》，由黄河下游小浪底至陶城铺河段模型、三门峡水库模型、小浪底水库模型等组成的模型试验基地已建成并投入使用。河口模型前期工作已经完成，黄土高原模型试验基地建成投入应用。数控制模机、多功能测桥、光栅水位计、在线超生含沙量仪等研制成功，模型量测和制模技术取得新的进步。可以说，"三条黄河"实现整体联动，为治黄决策提供了重要的科学依据。此外，"十五"期间，有70项科技项目获国家科技攻关、国家"948"计划、国家自然科学基金及水利部科技创新等计划资助，82项成果通过部（省）级鉴定，27项成果获得部（省）级科技进步奖，治黄的基础研究与技术研究有了新的突破。七是创办国际论坛，国际交流与合作更加广泛。2003年举办了首届黄河国际论坛，中心议题为"21世纪流域现代化管理"，共有30余个国家和地区的350余位代表出席会议。2005年举办了第二届黄河国际论坛，中心议题为"维持河流健康生命"，共有60余个国家和地区的800余位代表出席了会议，大会共收到论文400余篇，论坛发表了《黄河宣言——维持河流健康生命》。论坛创建了一个新的国际水利对话平台，提高了黄河的国际影响力。2007年10月16日至19日，第三届黄河国际论坛在黄河入海口山东东营举办，论坛主题为"流域水资源可持续利用与河流三角洲生态系统的良性维持"。此次论坛共收到论文500余篇，有来自64个国家和地区的1000多名代表参加了论坛，其中境外代表300余人。在大会主会场和78个分会场，与会专家、管理者不仅从多维视角透析流域综合管理及水资源可持续利用的经验模式，还从社会、环境、经济、历史、科学、伦理等层面，就流域经济社会发展与维持河流健康生命的治河理念进行了广泛交流、深入讨论并达成共识，共同发表了《黄河行动纲领——第三届黄河国际论坛宣言》，呼吁各国政府、国际社会与各界人士，像珍惜人类自身生命一样珍惜河流生命，自觉投入保护河流生命的伟大行动，促进河流健康生命的良性维持。论坛期间，保护黄河基金会（筹）捐赠仪式同时举行。基金会的成立，必将促进水利公益事业的发展，扎实推动维持母亲河健康生命的深入进行。会议还决定2009年第四届黄河国际论坛的主题为：生态文明与河流伦理。"十五"期间，黄委会与世界上30余个国家和地区的相关组织建立了长期合作关系，中加、中荷、中欧等相关合作项目的实施，使国际合作与交流的广度与深度不断扩大。八是改革创新，强化管理，能力建设得到进一步加强。五年来，强化创新思维，开拓进取，涌现了《黄河调水调沙试验研究》、《维持黄河健康生命理论、生产、伦理体系研究》、《黄河水量调度管理系统（一期）建设及应用》、振动式测沙仪等80项创新成果。依法治河，法规体系逐步完善。《黄河河口管理办法》、《山东省黄河防汛条例》、《山东省黄河工程管理办法》，分别由水利部、山东省人大正式颁布实施。五年间，编制完成16

项重大水利规划。《黄河近期重点治理开发规划》、《黑河流域近期治理规划》、《塔里木河流域近期综合治理规划》、《渭河流域近期重点治理规划》等先后得到国务院批复。2006 年 7 月 24 日，国务院总理温家宝签署第 472 号国务院令，公布了《黄河水量调度条例》，于 2006 年 8 月 1 日起正式施行。这是国家关于黄河治理开发出台的第一部行政法规，对建立起黄河水量调度长效机制，必将极大地促进有限黄河水资源的优化配置和高效利用，统筹协调沿黄地区经济社会发展与生态环境保护，推动黄河水资源调度管理再上新台阶，并为当地人民群众的安居乐业和长远发展提供有力的法律保障。

（2）"十一五"时期的主要任务。"十一五"时期黄河治理开发与管理的指导思想为，以邓小平理论和"三个代表"重要思想为指导，全面贯彻落实科学发展观，量力践行治水新思路，以维持黄河健康生命为主线，统筹兼顾，标本兼治，努力实现"堤防不决口，河道不断流，污染不超标，河床不抬高"，以黄河水资源的可持续利用保障流域及相关地区经济社会的可持续发展。

"十一五"时期的主要发展目标有 8 个，其中有 5 个值得关注。一是初步建成黄河下游防洪减淤体系，基本完成下游标准化堤防建设，塑造并稳定中水河槽，过水能力达到 4000 立方米每秒以上，基本控制游荡性河道形势，确保防御花园口站洪峰流量 22000 立方米每秒堤防不决口。二是完善水资源统一管理和调度体制，积极支持流域及相关地区节水型社会建设，规范行业间用水权转换，进一步优化黄河水资源配置，使汛期输沙用水和非汛期河道基流基本得到保障，确保黄河不断流。

　　三是本着"先粗后细"的原则，加快水土流失治理步伐，将7.86万平方公里黄土高原多沙粗沙区作为水土流失治理的重点，特点要把其中对黄河下游河床淤积影响重大的1.88万平方公里粗泥沙集中来源区作为突破口，优先考虑，集中安排，以重点支流拦沙工程及淤地坝工程建设为主，加强监测与监督，尽量减少进入黄河的粗泥沙，有效控制新的人为水土流失，力争"十一五"末进入黄河的泥沙在现有水平上再减少2亿吨。四是加强水质监测体系建设，建立污染物入河总量控制、排污入河许可证等水资源保护制度，提升对污染物输移扩散的预测预报水平与能力，进一步完善建立对突发性水污染的快速反应机制，千方百计遏制黄河水质恶化的趋势。五是完善"三条黄河"科学决策场。着重对"原型黄河"自然现象和自然规律分析，"数字黄河"数学模型系统建设，"模型黄河"实体模拟技术研制。借助"三条黄河"互动机制，力求在游荡性河床演变、黄土高原土壤侵蚀以及河口演变规律研究等方面获得新的突破。

　　"十一五"期间的重点工作有8个：一是黄河下游按照"稳定主槽、调水调沙、宽河固堤、政策补偿"的河道治理方略，推进防洪工程建设。二是加强黄河水资源统一管理、优化配置和科学调度，确保黄河不断流。三是继续构筑黄河粗泥沙处理的三道防线。四是加快南水北调西线工程、古贤水利枢纽、河口村水库等前期工作步伐，即积极推进以黄河干流七大控制性水利枢纽为主体的黄河水沙调控体系建设。五是强力推进黄河水资源保护工作。六是进一步完善"数字黄河"工程建设。七是加强队伍建设、精神文明建设和党风廉政建设。八是大力发展水电开发、供水、建筑施工、勘察设计、土地开发等黄河优势经济，逐步建立具有黄河特点的国有水利经营性资产的管理体制。完善法人治理机构，增强企业核心竞争力。

万里滔滔的黄河孕育了光辉灿烂的华夏文明，是中华民族赖以生存和发展的母亲河。她一往无前，百折不挠的磅礴气势，是中华民族自强不息、蓬勃向上伟大精神的生动写照。"黄河是中华民族的母亲河，黄河治理事关我国社会主义现代化建设全局。60年来，人民治理黄河事业成就辉煌，但黄河的治理开发仍然任重道远，必须认真贯彻落实科学发展观，坚持人与自然和谐相处，全面规划，统筹兼顾，标本兼治，综合治理，加强统一管理和统一调度，进一步把黄河的事情办好，让黄河更好地造福中华民族。"胡锦涛总书记在纪念人民治理黄河60年之际对黄河治理做出的重要批示，目标崇高而神圣，对我们提出了更高要求。维持黄河健康生命，实现人与河流和谐相处，需要一代代人坚韧不拔，继往开来，勇于探索，不断创新，科学实践。

愿母亲河永远安澜无恙，生生不息，万古奔流！

参考文献

[1] 黄河水利委员会黄河志总编辑室.黄河流域综述[M].郑州：河南人民出版社，1994.

[2] 黄河水利委员会黄河志总编辑室.黄河人文志[M].郑州：河南人民出版社，1994.

[3] 黄河水利委员会黄河志总编辑室.黄河大事记[M].郑州：河南人民出版社，1998.

[4] 李民.黄河文化百科全书[M].成都：四川辞书出版社，2004.

[5] 黄河水利委员会.天下黄河 [M].郑州：黄河水利出版社，2004.

[6] 黄河水利委员会.世纪黄河：1901~2000 [M].郑州：黄河水利出版社，2001.

[7] 侯仁之.黄河文化[M].北京：华艺出版社，1994.

[8] 安芷生.黄土黄河黄河文化[M].郑州：黄河水利出版社，1998.

[9] 陈梧桐，陈名杰.黄河传[M].保定：河北大学出版社，2001.

[10] 鲁枢元，陈先德.黄河史[M].郑州：河南人民出版社，2001.

[11] 李学勤，徐吉军.黄河文化史（上、中、下） [M].南

昌：江西教育出版社，2003．

[12] 王星光，张新斌. 黄河与科技文明[M]．郑州：黄河水利出版社，2000．

[13] 任崇岳. 中原地区历史上的民族融合[M]．呼和浩特：内蒙古人民出版社，2004．

[14] 《中国古代科学家史话》编写组. 中国古代科学家史话[M]．长春：辽宁人民出版社，1974．

[15] 李典. 中国历代名人图典[M]．北京：京华出版社，2006.

[16] 刘建超，高家瑞. 历代名人锈像选[M]．天津：天津杨柳青画社，1999．

[17] 宋镇豪. 夏商社会生活史[M]．北京：中国社会科学出版社，1994．

[18] 中国社会科学院考古研究所. 新中国的考古发现和研究[M]．北京：文物出版社，1984.

[19] 岑仲勉. 黄河变迁史[M]．北京：人民出版社，1957．

[20] 水利部黄河水利委员会《黄河水利史述要》编写组. 黄河水利史述要[M]．北京：水利电力出版社，1984．

[21] 水利电力部黄河水利委员会治黄研究组. 黄河的治理与开发[M]．上海：上海教育出版社，1984．

[22] 胡一三. 黄河防洪 [M]．郑州：黄河水利出版社，2000.

[23] 陈维达，彭绪鼎. 黄河——过去、现在和未来[M]．郑州：黄河水利出版社，2001．

[24] 任德存. 黄河概览 [M]．郑州：黄河水利出版社，1999．

[25] 朱兰琴. 黄河 300 问 [M]．郑州：黄河水利出版社，1998．

[26] 常云昆.黄河断流与黄河水权制度研究 [M].北京：中国社会科学出版社，2001.

[27] 李国英.维持黄河健康生命 [M].郑州：黄河水利出版社，2005.

[28] 李国英.治理黄河思辨与践行 [M].北京：中国水利电力出版社；郑州：黄河水利出版社，2003.

[29] 李国英.落实科学发展观，践行治水新思路，在维持黄河健康生命道路上阔步前进——2006 年在全河工作会议上的报告.黄河网.

[30] 黄河水利委员会.黄河近期重点治理开发规划 [M].郑州：黄河水利出版社，2002.

[31] 本书编写组.人民治理黄河六十年 [M].郑州：黄河水利出版社，2006.

河南省工程建设标准

DBJ41/T186-2017
备案号：J14049-2017

现浇混凝土内置保温墙体技术规程

Technical specification for built-in insulation
wall of cast-in-place concrete

2017-11-23 发布　　　　　2018-01-01 实施

河南省住房和城乡建设厅　发布